北方民族大学重点科研项目"宁夏空间规划重大关键技术集成与创新"（项目编号：2017M01）成果

北方民族大学文库

宁夏资源环境承载力研究

马海龙　著

科学出版社

北 京

内 容 简 介

　　本书以宁夏回族自治区行政区划范围内的县级行政单元为基准评价单位，运用现行的省域资源环境承载能力评价方案（2008 年版）和省域资源环境承载能力监测预警评价方案（2016 年版），对宁夏全区在 2006 年、2010 年、2015 年三个时间断面的资源环境状况分别进行质量评价、空间分布评价、承载力评价、开发适宜性评价、监测预警评价，并将评价结果与宁夏主体功能区规划、宁夏空间规划编制的空间基础、确定的空间开发利用导向、空间开发保护状况进行匹配分析，提出进一步完善省域资源环境评价技术规程、优化评价实施操作流程、提升评价结论适用性和实用性的有关建议。

　　本书可供政府国土、规划、林业、环境保护等管理部门的专业技术人员，高校和科研院所从事资源环境、空间治理、规划编制的研究人员，地理学、资源科学、环境学、林学、农学、建筑学等相关学科资源环境管理方向、城乡规划方向的研究生等参考。

图书在版编目 (CIP) 数据

宁夏资源环境承载力研究 / 马海龙著 . —北京：科学出版社，2017. 12
（北方民族大学文库）

ISBN 978-7-03-055470-3

Ⅰ. 宁… Ⅱ. 马… Ⅲ. 自然资源–环境承载力–研究–宁夏 Ⅳ. X372. 43

中国版本图书馆 CIP 数据核字（2017）第 283640 号

责任编辑：李轶冰 李 敏／责任校对：彭 涛
责任印制：张 伟／封面设计：无极书装

科学出版社 出版
北京东黄城根北街 16 号
邮政编码：100717
http://www.sciencep.com

北京建宏印刷有限公司 印刷
科学出版社发行 各地新华书店经销

*

2017 年 12 月第 一 版 开本：720×1000 1/16
2017 年 12 月第一次印刷 印张：13 1/2
字数：360 000

定价：120.00 元
（如有印装质量问题，我社负责调换）

目 录

1

宁夏区域资源环境的基本特征与主要问题

1.1　基本情况

1.1.1　研究简介

宁夏回族自治区（以下简称宁夏）处于工业化初期，由于特定的自然条件、经济结构和布局的特点、人口的不断增长，生态环境日益恶化，污染负荷远远超过环境承载能力，严重影响其经济社会的可持续发展和生态安全。如何在资源环境可承载范围内发展，如何协调好经济发展与环境保护及如何更好地将人类行为对大自然的破坏降到最低，对宁夏生态安全和资源利用保护具有重要意义。

宁夏资源环境承载力研究分别对宁夏及各县（市、区）进行分析，研究思路如图 1-1 所示，一是通过分析宁夏的自然本底、资源条件、环境质量、生态系统等现状，识别现存的主要资源环境问题及成因；二是基于以上对资源和环境现状初步判断，开展资源环境承载能力监测预警分析，从土地资源评价、水资源评价、环境评价、生态评价、城市化地区评价、农产品主要区评价、重要生态功能区评价等方面，评价宁夏资源环境承载能力预警级别；三是根据宁夏资源环境承载能力，计算基于资源、环境约束下产业结构和人口优化调整发展方案，并提出相应的资源环境未来发展限制指标，为区域的合理发展提供依据；四是通过集成 RS（remote sensing，遥感）、GIS（geographic information system，地理信息系统）技术，分析该区域的生态功能强度，并构建景观生态安全格局，同时提出生态功能分区并拟定空间管制策略，合理引导全区物质空间环境的建设与发展；五是基于保护和发展的角度，提出可行的生态环境调控规划方案、生态修复策略和资源合理利用措施。

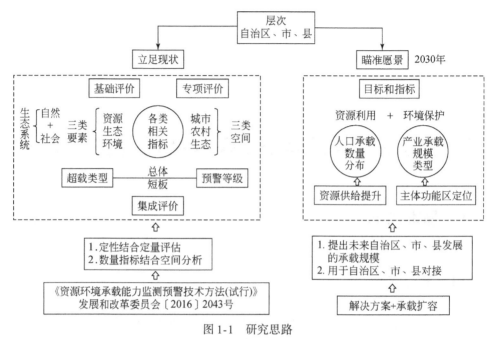

图 1-1　研究思路

1.1.2　自然环境概况

宁夏地处我国中部偏北，位于西北地区东部，居黄河上游下段，与甘肃省、内蒙古自治区、陕西省毗邻。疆域南北狭长，地理坐标为东经 104°17′～107°39′，北纬 35°14′～39°23′。

1.1.2.1　地质地貌

宁夏在中国大地构造单元划分和地层区划中分别属中朝准地台和昆仑秦岭地槽褶皱区，华北地层区和祁连地层区。因受活动的祁连山地槽、六盘山褶皱带和古老稳定的鄂尔多斯台地等地质构造运动的制约，受流水侵蚀、干燥剥蚀及风蚀等外营力的影响，本区地貌类型比较复杂多样，并且表现出明显的过渡性特点。麻黄山-罗山南麓-王团-盐池一线以南，以流水侵蚀作用为主，形成水土流失严重的黄土侵蚀地貌；此线以北以干燥剥蚀作用为主，堆积及风蚀地貌发育。山地岩屑发育，山麓多宽广的洪积倾斜平原。

宁夏地貌大体可分为黄土高原、鄂尔多斯剥蚀台地和间山缓坡丘陵、黄河冲积平原及贺兰山、六盘山、香山、罗山等山地，整个地势由南向北倾斜，表现出从水蚀地貌向风蚀地貌过渡的特征。黄土高原隆起于宁夏南部，海拔为1500～2300m，高原的原面比较破碎，沟壑纵横，水土流失严重。六盘山自南向北延伸，屹立于宁夏最南端，并与月亮山、南华山和西华山相连。黄河冲积平原由西向东并转而向北镶嵌于本区北部，海拔为1090～1250m，地势平坦，沃野万顷，平原沟渠成网，盛产稻麦，是宁夏农业的精华地带。贺兰山高耸于西北边界，最高峰海拔为3556m。宁夏东部为鄂尔多斯台地西南边缘部分，海拔为1200～1500m，以缓坡丘陵出现，地表和缓起伏，连绵伸展，是本区保留较好的大片草原区。宁夏全区分为贺兰山山地、银川平原、灵盐陶台地、宁中山地与山间平原、宁南黄土丘陵、六盘山山地6个地貌区。

1.1.2.2 气候特征

宁夏地处内陆，远离海洋，位于季风区西缘，冬季受蒙古高压控制，为寒冷气流南下之要冲；夏季处在东南季风西行的末梢，形成典型的大陆性气候。按全国气候区划，最南端（固原市的南半部）属温带半湿润区，固原市北部至同心县、盐池县南部属温带半干旱区，中北部属温带干旱区，气候南北差异明显。全区气候特征是：光能丰富，热量适中，降水偏少且相对集中，冬寒夏热，春秋短促，四季分明，昼夜温差大，并呈南寒北暖、南湿北干的特征。主要灾害性天气有干旱、霜冻、冰雹、暴雨、沙尘暴、干热风和水稻冷害等，以干旱危害最为严重。

1.1.2.3 水文

宁夏水资源主要是大气降水、地表水和地下水。年平均降水量为157亿 m^3，年平均潜在蒸发量为672亿 m^3，综合水资源为11.73亿 m^3，其中，山区为7.74亿 m^3，川区为3.12亿 m^3，可利用水资源为6亿 m^3，人均水资源量为200 m^3（不包括黄河分配给宁夏的水资源量），是全国人均水资源量的1/12。天然地下水为25.3亿 m^3，黄河在宁夏流程为397km，年平均入境流量为325亿 m^3，国家分配给宁夏的黄河水资源量为40亿 m^3/a，截至2016年，已使用32亿 m^3/a。除黄河干流外，宁夏境内还有祖厉河水系、清水河水系、苦水河水系等黄河一级支流和葫芦河水系、泾河水系等黄河二级支流。河流年输沙总量约为1亿t，其中，清水河系为4620万t，泾河水系为2170万t，葫芦河水系为1470万t，苦水河水系为440万t，为严重水土流失区。

宁夏除中卫甘塘一带为内流区外，其余地区均属黄河流域，盐池县东部为流域内之闭流区,是鄂尔多斯内流区的一部分。黄河流经宁夏为397km,每年平均入境流量为325亿m^3,境内黄河及各支流中,流域面积大于$100km^2$的有102条,大于$500km^2$的有27条,大于$1000 km^2$的有14条,大于$10\ 000\ km^2$的只有黄河和清水河2条。向北流入黄河的清水河、祖厉河和苦水河,具有水量小、矿化度高、泥沙量大、径流量变化大等特点。向南流入渭河的泾河和葫芦河,具有水量大、矿化度低、泥沙量少、径流量变化小等特点。在黄河的支流中,只有泾河水量较大,水资源相对较多。宁夏水文区划分为半湿润区(指六盘山地区)、半干旱区(指南部黄土丘陵区)、干旱区3个一级区,干旱区又分为同盐灵区、宁夏平原区、贺兰山区3个二级区。

1.1.2.4　土壤

受地貌、地质、生物、气候条件与人为活动的影响,决定了宁夏土壤的类型及分布特征,呈现为水平地带性和垂直地带性特征。

1)水平地带性:南部为温带干草原,年均降水量为350~500mm,干燥度为1~2,生长干草原植被,是黑垆土的主要分布区。在海原干盐池、麻春堡、杨坊、李果园,同心窑山、小罗山南端、达拉顶、盐池县草原站及红井子一线以北,年降水量为180~350mm,干燥度为2~4,属荒漠草原地区,除分布耐旱的禾草及蒿属植物外,还有小半灌木,植被覆盖度低,主要分布的是灰钙土。在石嘴山市落石滩分布有灰漠土。

2)垂直地带性:主要在六盘山、贺兰山和罗山等山地,随山地高度上升,生物、气候发生变化,土壤类型也相应具有明显的垂直类型分布,如贺兰山为灰钙土→灰褐土→亚高山草甸土;六盘山为黑垆土(部分地区分布黄绵土)→灰褐土→亚高山草甸土。在黑垆土及灰钙土分布区域,受母质与地貌影响,在风成黄土且侵蚀作用很强烈的南部山区交错分布大量黄绵土。在一些洼地及地下水位较高的地域,分布有沼泽土、潮土、碱土和盐土。在灰钙土分布区域,由于灰钙土沙性大,水稳性团聚体少,持水保肥能力差,在干旱、多风及强烈的物理风化下形成风沙土。引黄灌区主要是耕地灌淤土。黑垆土和黄绵土分布于黄土高原共计为153.29万hm^2,占全区面积的31.8%。这类土壤粉沙含量高,抗冲击能力弱,一旦覆盖的植被被破坏,在暴雨的条件下易被冲刷造成水土流失。

全区分为5个土壤改良利用区:①宁夏平原灌淤土、盐渍土、淡灰钙土农业区。②贺兰山灰褐土粗骨土林草区。③宁中山地与山间平原灰钙土风沙土牧业区。④宁南黄土丘陵黑垆土黄绵土牧林农区。⑤六盘山灰褐土林草区。

1.1.2.5 植被

宁夏自然植被有森林、灌丛、草甸、草原、沼泽等基本类型，其中以草原植被为主体，面积占自然植被的79.5%。由于自然地理位置和气候条件的影响，干草原和荒漠草原是宁夏草原的主要类型，其面积占全区草原面积的97%以上。森林集中分布于贺兰山、六盘山和罗山等海拔较高、相对高度较大的山地，基本属天然次生林，六盘山有一定比重的人工林。植被分布的垂直变化十分显著，在典型地段有低山的草原向高中山的森林或亚高山草甸植被过渡，具有温带干旱区山地植被组合的特点和规律。草甸、沼泽、盐生和水生植物群落则分布于河滩、湖泊等低洼地域。受水热条件尤其是水分因素的制约，宁夏植被的地带性分异非常明显，自南向北，宁夏自然植被呈现森林草原—干草原—荒漠草原—草原化荒漠的水平分布规律。

宁夏分为4个植被区：①宁南黄土高原南部森林草原及栽培植被区。②宁南黄土高原北部干旱草原植被区。③宁中、宁北洪积冲积和间山平原、缓坡丘陵荒漠草原及灌溉栽培植被区。④卫宁北山贺兰山北端及洪积平原草原化荒漠植被区。

1.1.3 经济社会概况

宁夏是我国五个少数民族自治区之一，成立于1958年10月25日。现辖银川市、石嘴山市、吴忠市、固原市和中卫市5个地级市，首府为银川市。

2015年，宁夏地区生产总值达到2911.8亿元，年均增长率为9.9%，人均地区生产总值达到43 805元；地方公共财政预算收入达到373.7亿元，年均增长率为19.4%；累计完成固定资产投资13 179亿元，年均增长率为22.9%；科技创新对产业转型的支撑能力明显提高，科技进步贡献率达到49%，详见表1-1。

表1-1 宁夏经济社会发展主要指标

指标	2010 年	规划目标		实现情况	
		2015 年	年均增长（%）	2015 年	年均增长（%）
地区生产总值	1 690	2 900	12 左右	2 911.8（现价）	9.9
地方财政一般预算收入（亿元）	154	310	15	373.7	19.4

指标	2010 年	规划目标		实现情况	
		2015 年	年均增长（%）	2015 年	年均增长（%）
全社会固定资产投资（亿元）	1 465	(15 000)	25 左右	(13 179)	22.9
外贸出口总额（亿美元）	11.7	24	15	29.76	20.5
常住人口城镇化率（%）	48	55	—	55.2	—
居民消费率（%）	33.5	40	—	38	—
三次产业结构比重	9：49：42	6：53：41	—	8.2：47.4：44.4	
战略性新兴产业增加值占 GDP 比重（%）	3.8	>8	—	8.2	—
服务业就业比重（%）	33.8	36	—	36	—
研究与试验发展支出占 GDP 比重（%）	0.68	>1.2	—	0.92	—
每百万人口发明专利授权数（件）	9.6	15	10	67	—
科技进步贡献率（%）	42.8	>48	—	49	—
小学六年义务教育巩固率（%）	83.49	90	—	94	—
初中三年义务教育巩固率（%）	91.34	93	—	93	—
高中阶段教育毛入学率（%）	84.71	87	—	91	—
高等教育毛入学率（%）	25.1	36	—	31.5	—
城镇居民人均可支配收入（元）	15 345	27 000	12	25 186	10.8
农村居民人均可支配收入（元）	4 675	8 200	12	9 119	12.2
城镇登记失业率（%）	4.35	<4.5	—	4.02	—
五年城镇新增就业（万人）	(32.7)	(36)	—	(37)	—
城镇保障性住房（万户）	2.79	(12.44)	—	(17.37)	—
城乡参加基本养老保险人数（万人）	253	380	8.5	340.5	—
城乡居民基本医疗保险参保率（%）	90	95	—	96	—
全区年末总人口（万人）	633	675	—	668	—
人口自然增长率（‰）	9.04	9	—	8	—
耕地保有量（万亩）	1650	1650	—	1920	—
万元工业增加值用水量（t）	91	64	(-30)	49	(-46)
农业灌溉用水有效利用系数	0.42	0.48	—	0.48	—
非化石能源占一次能源消费比重（%）	2.7	5 左右	—	7.5	—
森林覆盖率（%）	11.89	15	—	13	—

指标	2010 年	规划目标		实现情况	
		2015 年	年均增长（%）	2015 年	年均增长（%）
单位 GDP 能耗（t 标煤/万元）（不含宁东煤化工项目）	2.096	1.782	（−15）	1.76	（−16）
单位 GDP 二氧化碳排放（t/万元）（不含宁东煤化工项目）	5.36	4.5	（−16）	4.5	（−16）
化学需氧量排放（万 t）	24	22.6	（−5.8）	21.1	（−12.1）
二氧化硫排放（万 t）	38.29	36.9	（−3.6）	35.76	（−6.6）
氨氮排放（万 t）	1.82	1.67	（−8.2）	1.62	（−11）
氮氧化物排放（万 t）	41.76	39.8	（−4.7）	36.76	（−12）

资料来源：《宁夏回族自治区国民经济和社会发展第十三个五年规划纲要》

（ ）表示累计数

三次产业比重由 2010 年的 9：49：42 调整到 2015 年的 8.2：47.4：44.4。"一优三高"引领现代农业发展，特色优势农业产值占农业总产值的比重达到 86.3%，主要农产品加工转化率达到 60%。工业转型升级稳步推进，战略性新兴产业增加值占 GDP（gross domestic product，国内生产总值）比重达到 8.2%，轻工业增加值占工业比重提高到 17.9%；电力装机增长 116%，建成了宁东至山东省±600kV 直流输电工程，正在建设宁东至浙江省±800kV 特高压直流输电工程；新能源装机占电力装机的比重达到 36%，被列为全国首个国家新能源综合示范区；新型煤化工产能增加 2.9 倍，宁东成为全国最大的煤制烯烃生产基地，正在建设的 400 万 t 煤制油将成为世界最大的煤炭间接液化示范项目。服务业就业比重达到 36%。民营经济活力不断增强，非公有制经济比重达到 47%。

截至 2015 年，全区铁路通车里程达到 1131km，铁路网密度达到 0.017km/km²；高速公路通车里程达到 1527km，改造国省道达 1200km，新改建农村公路达 1 万 km，公路密度提高到 0.5km/km²；开通了 61 条国内航线和 10 条国际与地区航线，初步形成连接全国大中城市和部分国际都市的航空网络，旅客吞吐量达到 539 万人次。建设了一批重大水利骨干工程，新增供水能力为 2.9 亿 m³/a，新增高效节水灌溉面积为 230 万亩①，农业灌溉用水有效利用系数提高到 0.48，水利保障能力进一步增强。

---

① 1 亩≈666.67m²。

在全国率先编制实施全省域空间发展战略规划，进一步优化了国土空间开发格局。沿黄城市带和山区大县城建设步伐加快，大银川都市区和石嘴山市、中卫市、固原市 3 个副中心城市综合承载能力明显提升，银川阅海湾中央商务区、银川滨河新区，固原西南城区建设全面铺开，400 km 滨河大道全线贯通；实施美丽乡村建设"八大工程"，累计改造危窑危房 28.7 万户，建成新村 365 个，综合整治旧村 1880 个，建设改造小城镇 75 个，实现行政村环境综合整治全覆盖，进村主干道硬化率、农村自来水入户率、垃圾集中收集率均达到 80% 以上。常住人口城镇化率达到 55.2%，城镇建成区绿化覆盖率达到 35%。

坚持全面封山禁牧，实施生态建设与环境保护重大工程，截至 2015 年累计完成造林面积 685 万亩，治理沙化土地 250 万亩，全区森林覆盖率达到 13%。启动实施"环境保护""大气污染防治""节能降耗""宁东基地环境保护" 4 个行动计划，单位 GDP 能耗、单位 GDP 二氧化碳排放和化学需氧量、二氧化硫、氨氮、氮氧化物排放完成"十二五"目标任务。成为全国唯一省级节水型社会示范区。

各级各类学校办学条件显著改善，教育普及程度不断提高，率先在西部地区基本普及高中阶段教育，建成西部最大的职业教育园区，营养改善计划"宁夏模式"在全国得到推广，教育综合指数居西部前列。城乡医疗卫生服务体系不断完善，每千人床位数达到 4.7 张，城乡居民基本医疗保险参保率达到 96%，群众"看病难、看病贵"问题得到缓解，人口自然增长率控制在 9‰ 以内。文化体制改革扎实推进，文化产业加快发展，创作生产了一批群众喜闻乐见的文艺精品。建成了宁夏大剧院等公共文化设施，基本实现直播卫星"户户通"、农村电影放映无盲点、公共文化场所全免费、农民健身工程全覆盖。社会主义核心价值观深入人心，民族团结、宗教和顺成为宁夏的靓丽名片。

坚持实施民生计划，每年为民办 30 件实事，地方财政用于民生领域的支出比重达到 70% 以上。实施中南部城乡饮水安全工程等一批重大民生项目，解决了 139 万人口饮水安全问题，实施各类保障性安居工程 43.24 万套，搬迁安置生态移民 32.9 万人，减少贫困人口 43.37 万人。率先在全国实现城乡居民基本养老省级统筹，城乡居民大病医疗保险经验在全国推广，被征地农民养老保险制度走在了西部乃至全国前列，实现全区社保"一卡通"。2010~2015 年城镇新增就业 37 万人，城镇登记失业率控制在 4.5% 以内；城镇和农村常住居民人均可支配收入分别达到 25 186 元和 9119 元，年均增长率分别为 10.8% 和 12.2%，人民生活水平迈上了一个新台阶。

十二五期间，深化行政审批管理体制、商事制度改革，取消、调整和下放行政审批事项 500 多项，重点领域和关键环节改革取得实质性进展，发展环境进一步优化。内陆开放型经济试验区建设稳步推进，银川综合保税区建成运营，中国–阿拉伯国家博览会的国际影响力不断提升，与 38 个国家的 51 个地方政府建立国际友城关系，与 130 多个国家和地区开展经贸文化合作交流，在 30 个国家和地区设立境外企业，外贸出口总额年均增长率为 20.5%，对外开放取得重大进展。

1.2　资源现状特征与问题

1.2.1　水资源

1.2.1.1　降水量

2015 年全区降水总量为 149.103 亿 m^3，折合降水深为 288mm，与多年平均持平，较上年偏少 21%，属平水年；其中，引黄灌区降水总量为 11.004 亿 m^3，折合水深为 167mm，较多年平均偏少 6.5%，较上年偏少 4.1%，具体见表 1-2 和表 1-3。

与多年平均相比：各流域分区降水量除红柳沟、苦水河、黄右区间、盐池内流区有增加外，其他各流域均减少，减幅为 4% ~ 13%。各行政分区降水量除银川市、吴忠市增加外，其他各市均减少，减幅在 1% ~ 7%。与 2014 年相比：各流域行政分区除盐池内流区增加 1% 外，其他各流域均减少，减幅在 4% ~ 29%。各行政分区除银川市和石嘴山市分别增加 5% 和 19% 以外，其他各市均减少，减幅在 19% ~ 36%。

表 1-2　宁夏 2015 年流域分区降水量

流域分区	计算面积 （km²）	当年降水总量 （亿 m³）	当年降水量 （mm）	降水量与上年 比较（%）	降水量与多年 平均比较（%）
引黄灌区	6 573	11.004	167	−4.1	−6.5
祖厉河	597	2.090	350	−22	−10
清水河	13 511	43.611	323	−29	−4
红柳沟	1 064	3.301	310	−19	23
苦水河	4 942	13.094	265	−26	7

续表

流域分区	计算面积 （km²）	当年降水总量 （亿 m³）	当年降水量 （mm）	降水量与上年 比较（%）	降水量与多年 平均比较（%）
黄右区间	6.67	12.707	209	−25	5
黄左区间	5 778	10.547	183	−10	−6
葫芦河	3 281	12.986	396	−24	−13
泾河	4 955	22.301	450	−21	−8
盐池内流区	5 032	17.462	347	1	39
宁夏全区	51 800	149.103	288	−21	0

资料来源：2015 宁夏回族自治区水资源公报

表 1-3 宁夏 2015 年行政分区降水量

流域分区	计算面积 （km²）	当年降水总量 （亿 m³）	当年降水量 （mm）	降水量与上年 比较（%）	降水量与多年 平均比较（%）
银川市	7 542	16.093	213	5	9
石嘴山市	4 092	7.708	188	19	−1
吴忠市	15 999	44.478	278	−21	9
固原市	10 583	47.868	452	−19	−5
中卫市	13 584	32.956	243	−36	−7
宁夏全区	51 800	149.103	288	−21	0

资料来源：2015 宁夏回族自治区水资源公报

1.2.1.2 地表水资源量

2015 年全区地表水资源量 7.083 亿 m³，比上年偏少 13%，比多年平均偏少 25%，具体见表 1-4 和表 1-5。

表 1-4 宁夏 2015 年流域分区地表水资源量

流域分区	计算面积 （km²）	地表水资源量			
		径流量（亿 m³）	径流深（mm）	与上年比较（%）	与多年平均比较（%）
引黄灌区	6 573	1.397	21.3	−4	−6
祖厉河	597	0.104	17.4	6	6
清水河	13 511	1.526	11.3	−9	−19
红柳沟	1 064	0.061	5.7	10	−6

流域分区	计算面积（km²）	地表水资源量			
		径流量（亿 m³）	径流深（mm）	与上年比较（%）	与多年平均比较（%）
苦水河	4 942	0.160	3.2	3	10
黄右区间	6 067	0.146	2.4	−29	−9
黄左区间	5 778	0.320	5.5	−23	−53
葫芦河	3 281	0.905	27.6	−19	−41
泾河	4 955	2.274	45.9	−18	−30
盐池内流区	5 032	0.190	3.8	−1	12
宁夏全区	51 800	7.083	13.7	−13	−25

资料来源：2015 宁夏回族自治区水资源公报

表 1-5　宁夏 2015 年行政分区地表水资源量

流域分区	计算面积（km²）	地表水资源量			
		径流量（亿 m³）	径流深（mm）	与上年比较（%）	与多年平均比较（%）
银川市	7 542	0.696	9.2	−4	−22
石嘴山市	4 092	0.637	15.6	14	−22
吴忠市	15 999	0.952	6.0	−7	−1
固原市	10 583	3.610	34.1	−19	−38
中卫市	13 584	1.188	8.7	−14	17
宁夏全区	51 800	7.083	13.7	−13	−25

资料来源：2015 宁夏回族自治区水资源公报

与多年平均比：各流域分区祖厉河、苦水河、盐池内流区增加6%、10%、12%外，其他各流域均减少，减幅为6%～53%。各行政分区径流量除中卫市增加17%外，其他行政分区均减少，减幅为1%～38%。

2015 年全区径流深地区分布情况：固原市径流深最大为34.1mm，石嘴山市次之为15.6mm，固原市面积占全区面积的20.4%，而地表水资源占全区的51%。各流域分布情况：泾河最大为45.9mm，葫芦河、引黄灌区次之分别为27.6mm、21.3mm，黄右区间最小为2.4mm。

1.2.1.3　地下水资源量

2015 年全区地下水资源量为 20.882 亿 m³，比 2014 年减少了 0.434 亿 m³。宁夏地下水资源集中在引黄灌区，主要接受引黄河水量的补给。2015 年引黄灌区地下水资源量为 17.226 亿 m³，其中，灌区渠系和田间渗漏补给量达 16.560 亿 m³，降水补给量为 0.666 亿 m³，具体见表 1-6。

表 1-6　宁夏 2015 年流域分区地下水资源量　　（单位：亿 m³）

流域分区	山区地下水资源	平原区地下水资源量				平原区与山丘区重复计算量	分区地下水资源量
		降水补给	地表水补给	山前侧渗补给	合计		
引黄灌区		0.666	16.560	0.039	17.265	0.039	17.226
祖厉河	0.033						0.033
清水河	0.882						0.882
红柳沟	0.021						0.021
苦水河	0.071						0.071
黄右区间	0.035						0.035
黄左区间	0.757	0.074		0.659	0.723	0.649	0.831
葫芦河	0.419						0.419
泾河	1.364						1.364
盐池内流区							
宁夏全区	3.582	0.740	16.560	0.688	17.988	0.688	20.882

资料来源：2015 宁夏回族自治区水资源公报

各流域分区：引黄灌区地下水资源量最多，为 17.226 亿 m³，占全区地下水总量的 82%；泾河为 1.364 亿 m³；黄左区间为 0.831 亿 m³，占 4%，其他流域所占比重较小。

各行政分区：银川市最多，为 7.030 亿 m³，占总量的 34%；固原市最小，为 2.200 亿 m³，占总量的 11%。

1.2.1.4　水资源总量

2015 年全区水资源总量为 9.155 亿 m³，其中，天然地表水资源量为 7.083 亿 m³，地下水资源量为 20.882 亿 m³，地下水资源量与地表水资源量之间的重复计算量为 18.810 亿 m³，具体见表 1-7 和表 1-8。

表1-7 宁夏 2015 年流域分区水资源总量

流域分区	年降水总量（亿 m³）	天然地表水资源量（亿 m³）	地下水资源量（亿 m³）	重复计算量（亿 m³）	水资源总量（亿 m³）	R/P①（%）
引黄灌区	11.004	1.397	17.226	16.560	2.063	12.7
祖厉河	2.090	0.104	0.033	0.026	0.111	5.0
清水河	43.611	1.526	0.882	0.481	1.927	3.5
红柳沟	3.301	0.061	0.021	0.008	0.074	1.8
苦水河	13.094	0.160	0.071	0.048	0.183	1.2
黄右区间	12.707	0.146	0.035	0.017	0.164	1.1
黄左区间	10.547	0.320	0.831	0.189	0.962	3.0
葫芦河	12.986	0.905	0.419	0.272	1.052	7.0
泾河	22.301	2.274	1.364	1.209	2.429	10.2
盐池内流区	17.462	0.190			0.190	1.1
宁夏全区	149.103	7.083	20.882	18.810	9.155	4.8

资料来源：2015 宁夏回族自治区水资源公报

①R 指天然地表水资源量；P 指年降水总量

表1-8 宁夏 2015 年行政分区水资源总量

行政分区	计算面积（km²）	年降水量（亿 m³）	地表水资源量（亿 m³）	地下水资源量（亿 m³）	重复计算量（亿 m³）	水资源总量（亿 m³）
银川市	7 542	16.093	0.696	7.030	6.411	1.315
石嘴山市	4 092	7.708	0.637	3.995	3.507	1.125
吴忠市	15 999	44.478	0.952	4.198	4.025	1.125
固原市	10 583	47.868	3.610	2.200	1.639	4.171
中卫市	13 584	32.956	1.188	3.459	3.228	1.419
宁夏全区	51 800	149.103	7.083	20.882	18.810	9.155

资料来源：2015 宁夏回族自治区水资源公报

流域分区水资源总量中，泾河最多，为 2.429 亿 m³，引黄灌区次之，为 2.063 亿 m³，清水河和葫芦河分别为 1.927 亿 m³ 和 1.052 亿 m³，其他流域所占比重较小。

行政分区水资源总量中固原市最多，为 4.171 亿 m³，约占全区水资源总量的 46%，中卫市次之，为 1.419 亿 m³。

1.2.2　土地资源

宁夏全区土地总面积为 7770 万亩，其中，耕地为 1857.5 万亩，占 23.91%；园地为 50.26 万亩，占 0.65%；林地为 537.31 万亩，占 6.92%；草地为 3611.44 万亩，占 46.48%；水面占 2.9%；居民地及工矿约占 3.2%；未利用土地面积及其他用地面积占 16.0%。由于地貌、气候和土壤的差异，土地利用情况差异很大，北部引黄灌区土地开发利用程度高，中南部相对较低。农村人均耕地面积为 4.6 亩，约为全国农村人均耕地的 1.8 倍。大部分地区光热资源充足，农业生产发展潜力很大。

宁夏全区荒漠化面积由 2009 年的 4348 万亩减少到 2015 年的 4183 万亩，沙化面积由 1743 万亩减少到 1686 万亩，实现了由"沙逼人退"向"人逼沙退"的历史性转变，成为全国首个"人进沙退"的省区。但仍然存在诸多生态问题：森林覆盖率不高，盐渍化土地占 1.7%。水土流失总面积占 37.8%，中北部地区气候干旱，水土流失治理所需灌溉水资源约束性增大；天然草场退化严重，生态屏障尚不完备，区域自然生态环境相对脆弱。全区天然草场退化面积占 90% 以上，其中，中度和重度退化约占 70%。2015 年宁夏全区生态环境状况指数为 45.19，低于全国平均水平（全国生态环境状况指数为 49）。

1.2.3　矿产资源

宁夏能源及建筑材料非金属矿产比较丰富，煤炭、石膏、石灰岩、石英岩为宁夏优势矿产，石油和天然气有一定前景，金属矿产贫乏。煤炭是宁夏得天独厚的能源矿产资源，不仅探明储量丰富（居全国第五位），煤种齐全，煤质优良，而且埋深较浅，赋存稳定，水文地质条件简单，便于开发利用。主要煤田分为四大区，即贺兰山含煤区、宁东含煤区、香山含煤区和宁南含煤区，宁东含煤区将发展成为宁夏能源化工基地。非金属矿产是宁夏的优势矿产资源，主要分为建材原料、化工原料及冶金辅助原料三大类。

1.2.4　农业生产资源

农业生产资源优势明显，人均土地、人均耕地、人均灌溉耕地均高于全国平均水平，全年日照达 3000h，无霜期为 150 天左右，是中国日照和太阳辐射最充足的地区之一。

1.2.5 旅游资源

宁夏既有南国水乡的特色又有塞外边陲的壮丽景观，古老的黄河文明、神秘的西夏文化、浓郁的回乡风情、雄浑的大漠风光、秀丽的六盘山风貌，构成了宁夏独具特色的旅游资源。宁夏旅游资源开发利用类型越来越多样，高标准、高质量的 4A 级景区和 5A 级景区的带动作用越来越突出，以旅游经济技术开发区和以大城市为核心的大平台整合已经开始，预示着宁夏旅游资源开发的广度和深度在加速推进。但同时也有很多问题，如定位不准、点散点小、粗放式开发、缺文化创意、缺跨界融合、不够生态化、环境污染、旅游资源保护不足等现实问题。

1.3 环境现状特征与问题

1.3.1 环境空气质量

环境空气质量亟待改善。2015 年，宁夏环境空气质量总体评价为劣二级。5 个地级市达标天数（优良天数）比重范围为 62.5% ~ 89.0%，平均达标天数比重为 73.9%；轻度、中度、重度和严重污染天数比重分别为 19.3%、4.1%、2.1%、0.6%。超标天数中以 PM_{10} 为首要污染物的天数最多，占 44.4%；其次是 $PM_{2.5}$，占 38.1%。5 个地级市中优良天数比重从高到低的顺序为固原市>吴忠市>中卫市>银川市>石嘴山市，具体见表 1-9。

表 1-9　2015 年宁夏 5 市环境空气质量优良天数统计

城市	有效监测天数	优良天数（二级或好于二级）	优良天数比重（%）	优良天数同比变化	优（一级）（天）	良（二级）（天）
银川市	365	259	71.0	−15	19	240
石嘴山市	365	228	62.5	−2	13	215
吴忠市	365	270	74.0	—	36	234
固原市	363	323	89.0		50	273
中卫市	365	268	73.0		13	255

资料来源：2015 年宁夏回族自治区环境状况公报

2015 年宁夏全区环境空气质量整体处于全国中下水平。在全国 32 个省、直辖市、自治区中排名第 22 位,西北 5 省排名第 3 位。其中,银川市在全国 74 个城市中排第 53 位。从环境空气质量评价指标来看,2015 宁夏年全区 PM_{10}、$PM_{2.5}$ 年均浓度均超标;SO_2 和 NO_2 年均浓度达标;CO 日均值第 95 百分位数和 O3 日最大 8h 平均第 90 百分位数平均浓度均达标。

宁夏地处西北干旱区域,被毛乌素沙漠、腾格里沙漠和乌兰布和沙漠三面环绕,春季受沙尘天气影响,宁夏全区 PM_{10} 年均浓度超标。冬季采暖期燃煤量增多,烟气排放量增大,同时由于机动车尾气排放和不利气象条件的影响,全区易形成雾霾天气,$PM_{2.5}$ 和 SO_2 易出现超标,空气质量较差。

1.3.2 水环境质量

水环境质量有待提升。宁夏境内黄河支流水质总体为轻度污染,主要污染指标高锰酸盐指数、生化需氧量、氨氮、化学需氧量、总磷和氟化物年均浓度均保持平稳;7 个沿黄重要湖泊水体总体为轻度污染,营养状态处于中营养～中度富营养状态;11 条主要入黄河排水沟水质总体为重度污染。

1.3.2.1 地表水环境

2015 年,宁夏全区地表水(黄河干流,支流和湖泊)水质总体为轻度污染,其中Ⅰ类～Ⅲ类水质断面(点位)占 60.9%,Ⅳ类、Ⅴ类分别占 8.7%、13.0%,劣Ⅴ类占 17.4%;满足功能要求断面比重(即功能区达标率)为 73.9%。与 2014 年相比,Ⅳ类水质断面比重降低了 21.7 个百分点,劣Ⅴ类水质断面比重上升了 17.4 个百分点,水质总体保持稳定,具体见图 1-2。

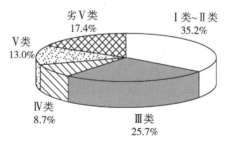

图 1-2　2015 年全区地表水水质类别分布图
资料来源:2015 年宁夏回族自治区环境状况公报

（1）黄河干流

2015 年，黄河干流宁夏段良好以上水质断面达 100%，其中Ⅱ类、Ⅲ类水质断面比重均为 50%，Ⅱ类水质断面比重同比降低了 16.7 个百分点；与上一年相比，高锰酸盐指数、氨氮平均浓度分别下降了 11.1 个百分点和 20.7 个百分点，总磷、挥发酚平均浓度分别上升了 12.5 个百分点和 16.7 个百分点。

（2）黄河支流

宁夏境内监测的 5 条主要黄河支流有清水河、泾河、葫芦河、渝河和茹河。2015 年，宁夏境内黄河支流水质总体为中度污染，监测的 10 个断面中，Ⅰ类~Ⅲ类水质断面占 60%，Ⅴ类水质断面占 20%，劣Ⅴ类水质断面占 20%。以宁夏境内黄河支流出境断面（或入黄河干流口）水质类别统计，属Ⅱ类水质的黄河支流有：清水河、泾河；Ⅴ类水质的黄河支流有：渝河、茹河；属劣Ⅴ类水质的黄河支流有：葫芦河。主要污染指标为高锰酸盐指数、生化需氧量、氨氮、化学需氧量、总磷和氟化物。

（3）湖泊

宁夏共监测 7 个重要湖泊水体，分别为银川市阅海、艾依河、鸣翠湖、石嘴山市沙湖、星海湖、吴忠市清宁河和中卫市香山湖。2015 年，宁夏重要湖泊水体水质总体为中度污染，Ⅲ类水体所占比重为 28.6%，Ⅳ类~Ⅴ类水体所占比重为 42.8%，劣Ⅴ类水体所占比重为 28.6%，营养状况处于中营养~中度富营养。主要污染指标为化学需氧量、氨氮和生化需氧量。

（4）排水沟

2015 年宁夏 11 条主要入黄河排水沟水质总体为重度污染。其中，Ⅲ类水质断面占 18.2%（2 个），Ⅴ类占 9.1%（1 个），劣Ⅴ类占 72.7%（8 个），与上年相比，Ⅲ类水质断面比重提高了 9.1 个百分点，劣Ⅴ类水质断面减少了 1 个。

1.3.2.2 饮用水源地

宁夏全区共监测地级以上城市集中式饮用水源地 11 个，其中，地下水型饮用水源地主要集中在银川市、石嘴山市、吴忠市和中卫市，分别为银川市南郊、东郊、北郊水源地，石嘴山市第一、第二、第四、第五水源地，吴忠市金积水源地，中卫市沙坡头城区水源地；地表水型饮用水源地主要集中在固原市，分别为贺家湾水库水源地和海子峡水库水源地。

2015 年，石嘴山第四、第五水源地因本底值高（地质原因），总硬度、硫酸盐、氟化物存在超标现象，其余水源地均为良好水质。

1.3.2.3　地下水环境

2013～2015 年，宁夏全区共监测 43 眼地下水环境监测井，水质类别为Ⅲ类水质有 2 眼，占 4.7%；Ⅳ类水质有 13 眼，占 30.2%；Ⅴ类水质有 28 眼，占 65.1%。影响水质类别的主要污染指标为溶解高锰酸盐指数和氨氮。主要污染源来自于工业园区企业废水、废渣排放。

1.3.3　城市声环境质量

城市功能区声环境质量总体平稳。2015 年，宁夏城市区域和道路交通声环境质量等级保持了较好和好的水平，其 4 类区（交通干线两侧）夜间点次达标率同比降幅较大，主要原因为民用机动车保有量显著增加（较 2014 年增长了 9.1 个百分点）。

1.3.3.1　区域声环境质量

城市区域声环境质量，按《环境噪声监测技术规范城市声环境常规监测》（HJ 640—2012）中的等级划分进行评价。2015 年，宁夏城市区域噪声昼间平均等效声级为 52.1dB，与上年同期相比下降 1.2dB，5 地市昼间区域声环境质量等级为一级的城市 1 个（固原市）、二级 3 个（银川市、石嘴山市和中卫市）、三级 1 个（吴忠市），宁夏城市区域声环境质量总体为二级，为较好水平，见表 1-10。

表 1-10　2015 年宁夏城市区域噪声环境质量状况（昼间）

城市	平均等效声级（dB）	同比变化	质量等级
银川市	53.1	0.1	二级
石嘴山市	51.0	−2.0	二级
吴忠市	52.9	−2.4	三级
固原市	44.4	−6.2	一级
中卫市	53.8	−1.1	二级
宁夏全区	52.1	−1.2	二级

资料来源：2015 年宁夏回族自治区环境状况公报

1.3.3.2　城市道路交通噪声

2015 年，宁夏道路交通噪声昼间平均值为 66.4dB，昼间超标路段比重为 4.7％。与上年同期相比，道路交通噪声昼间平均值上升了 0.5dB，昼间超标路段比重下降了 1.4％，道路交通昼间噪声强度等级为一级，总体水平评价为好。

1.3.3.3　城市功能区声环境质量

2015 年宁夏 5 地市城市功能区噪声监测结果显示：各类功能区监测点位昼间达标率平均为 97.9％，夜间达标率为 86.1％。其中，1 类功能区（居住区）昼间达标率为 97.5％，夜间达标率为 87.5％；2 类功能区（混合区）昼间达标率为 93.8％，夜间达标率为 90.6％；3 类功能区（工业区）昼间达标率为 100％，夜间达标率为 100％；4 类功能区（交通干线两侧区域）昼间达标率为 100％，夜间达标率为 72.7％。

1.3.4　土壤环境质量

土壤环境质量处于清洁水平。2015 年，全区共选择规模化畜禽养殖场 15 处，每个畜禽养殖场周边土壤环境共布设 5 个监测点位，共计 75 个监测点位。监测结果镉、汞、砷、铅、铬、铜、锌、镍、六氯环己烷、滴滴涕、苯并（α）芘均符合《土壤环境质量标准》（GB 15618—1995）二级评价标准要求。铅符合《全国土壤污染状况评价技术规定》（环发〔2008〕39 号）的要求。监测点位中所有监测项目无超标现象。按照土壤综合污染指数分级标准进行污染等级划分为Ⅰ级清洁（安全）。

1.3.5　生态环境质量

宁夏自然生态环境相对脆弱。2015 年，全区森林覆盖率为 13.6％，低于全国平均水平（21.63％），在全国 32 个省、直辖市、自治区中排名第 29 位，在西北 5 省中排名第 2 位。荒漠化土地占全区土地面积的 53.68％，沙化土地占全区土地面积的 21.65％，有明显沙化趋势土地占全区土地面积的 5.17％。

采用《生态环境状况评价技术规范》（HJ 192—2015）的评价方法，对宁夏生态环境状况进行综合评价。2015 年，宁夏生态环境状况指数为 46.19，低于同期全国平均水平（49），生态环境状况为"一般"（35EI55），"植被覆盖度中等

（植被覆盖指数为 42.29），生物多样性一般水平（生物丰度指数为 30.86），较适合人类生存，但有不适合人类生存的制约性因子出现。"全区 22 个县（市、区）中，生态环境状况级别为"良"的县城为泾源县和隆德县，其余县城生态环境状况级别均为"一般"。宁夏地处西北内陆干旱与半干旱地区，由于自然区位条件的制约，全区生物丰度和植被覆盖相对偏低，同时干旱少雨、水资源短缺和土地退化严重，区域自然生态环境相对脆弱。

从 2010~2015 年变化来看，宁夏全区整体生态环境质量趋于稳定，县城生态环境质量有所改善，林地面积不断增加，草地质量提升，沙地和未利用地面积逐渐减少，土地利用结构趋于合理，呈现良性循环的趋势。

1.4 生态环境遥感监测（2006）

1.4.1 生态环境土地利用类型现状

利用 2006 年 TM（thematic mapper，主题地图）卫星影像，对宁夏土地利用类型进行遥感解译，结果显示：宁夏林地面积为 4662.6km²，草地面积为 28 875 km²，农田面积为 11 490.2 km²，水域湿地面积为 2164.5 km²，城镇及建设用地面积为 944 km²，未利用土地面积为 3647.1 km²。

1.4.2 生态环境遥感监测

1.4.2.1 自然植被状况

从解译结果看，宁夏植被以草原植被为主，草地面积占全区土地面积 50% 以上，森林面积较小，尤其是天然林资源更为贫乏且分布较集中，天然乔木林主要分布于六盘山、贺兰山、罗山等山地，天然灌木林主要分布于灵武、盐池及中卫等县市的沙区边缘地带。在草原植被中，宁夏最南端为森林草原植被，主要分布于泾源县、原州区南部、隆德县东部及山区、西吉县的少部分地区，植被类型有华山松、青冈、白桦、山杨等形成的混交林，有沙棘、虎榛子、灰栒子等为优势种的灌丛，有短柄草、紫穗鹅冠草、苔草、蕨为优势种的草甸植被；在宁夏中南部为干草原植被，包括盐池县、同心县、海原县等县的南部和西吉县、隆德县、原州区的大部分干旱地区，分布着长芒草、短花针茅、冷蒿、华北米蒿为建群种的干草原群落，局部丘陵的阴坡有沙棘、山桃、蒙古扁桃和虎榛子等灌丛,在南华山有成片状分布的白桦林;在宁夏中北部为荒漠草原植被,包括盐池县、同心县、海原县等县中北部,中卫市、中宁县、灵武市等县市引黄灌区以外的山区及黄河以西至贺兰山东麓的广大地区,分布有旱生植物短花针茅、沙生针茅、戈壁针茅、丛生隐子草等多年生禾草和猫头刺、红砂、珍珠等小灌木为优势种的荒漠草原植被。

1.4.2.2 湿地状况

宁夏湿地资源主要集中在银川平原,历史上湖沼面积达 $1600km^2$,目前保存下来的为数不多,据本次遥感监测表明,全区水域湿地总面积仅为 $2164.6km^2$,占全区土地面积的 4.2%,其中,河流面积为 $466.8km^2$,湖泊、池塘面积为 $337.6km^2$,沼泽、滩地等面积为 $1360.2km^2$,主要湖泊有沙湖、西湖、鸣翠湖、北塔湖、宝湖和鹤泉湖等,多数湖泊因排水不畅,水体中氯离子和硫酸根离子含量高,pH 达 8 以上,盐分含量可达 $4\sim5g/L$,属于弱碱微咸水湖,但湖中挺水维管束植物、沉水植物、浮游生物及底栖动物等饵料资源较为丰富,渔业生产发展势头强劲,全区水产养殖面积达 $200km^2$,其中,养殖名、特、优水产品面积占 50% 以上,品种达 30 多种,年水产品总产量达 6.7 万 t,居西北 5 省地区第一。为了充分利用沟水、洪水和湖泊湿地资源,宁夏实施了爱依河连通主要湖泊工程、大小西湖连通工程等水系建设和湿地恢复工作,通过修建人工水道工程将沙湖、大西湖、小西湖、北塔湖、宝湖、化燕湖 6 个淡水湖泊连通,改善了银川平原水生态,重塑了"塞上湖城"的风貌。另外,西吉县因地震形成的 40 多处水堰,其中,党家岔堰湖是最大的地震堰塞湖,现有水面南北长为 3110m,东西平均宽为 600m,水面积达 186.6 万 m^2。

1.4.2.3 未利用土地状况

根据遥感解译结果,2006 年宁夏未利用土地面积为 $3647.1\ km^2$,占全区土地总面积的 7%,其中,沙漠面积为 $2498.2\ km^2$,主要分布于中卫市、盐池县、灵武市等县市;盐碱荒地面积为 $220.78\ km^2$,主要分布于引黄灌区,以银北为最为严重;戈壁及裸土地面积为 $586.95\ km^2$,主要分布于中部干旱地区和贺兰山东麓;裸岩面积为 $341.14\ km^2$,分布于山区。

1.4.2.4 耕地状况

2006 年,宁夏耕地面积为 $11\ 490.2km^2$,其中水田面积为 $1580.4\ km^2$,主要分布在沿黄河两岸的县市,旱田面积为 $9909.8\ km^2$。各县(市、区)生态遥感解译结果见表 1-11。

表 1-11　2006 年宁夏土地利用遥感解译结果

（单位：km²）

类型　地区	有林地	灌木林地	其他林地	高覆盖草	中覆盖草	低覆盖草	河流	湖泊	滩涂湿地	城镇用地	居民点	建设用地	沙地	盐碱地	裸土地	裸岩	水田	旱地
宁夏全区	1 237.5	1 919.3	1 505.8	2 419.4	13 878.1	12 577.5	466.8	337.65	1 360.15	232.09	357.39	355.53	2 498.2	220.78	586.95	341.14	1 580.4	9 909.8
银川市区	64.66	33.35	80.95	68.99	144.6	391.16	21.36	48.94	19.56	91.62	27.23	23.48	69.91	15.06	48.17	4.27	285.85	311.56
永宁县	1.59	0	69.81	30.80	19.28	41.34	7.65	36.28	12.11	3.34	25.12	5.61	132.34	1.43	14.39	0	103.74	372.97
贺兰县	84.14	22.05	14.27	61.49	24.44	44.69	4.32	71.21	30.13	3.51	23.96	12.31	172.51	14.68	2.2	0	208.56	435.22
灵武市	2.25	278.56	28.41	112.78	1 351.81	795.89	25.16	9.81	37.63	4.91	30.02	35.86	453.37	2.31	31.72	0	320.68	91.16
石嘴山市	6.89	100.39	21.69	232.36	429.46	362.41	14.74	34.49	29.31	21.58	20.91	77.79	122.26	38.42	49.52	0	60.38	383.82
平罗县	50.49	38.79	48.43	73.99	201.05	139.81	33.59	50.41	121.55	5.87	29.13	42.18	218.84	77.5	12.35	0	196.83	770.76
吴忠市利通区	0	18.08	1.92	0.00	258.53	203.84	49	2.01	23.29	17.87	13.17	2.12	25.04	7.57	15.32	0	148.87	230.32
青铜峡市	1.79	15.42	30.33	1.23	262.54	421.18	22.68	8.31	19.5	8.79	15.3	18.83	180.1	4.27	61.01	44.81	42.54	539.71
盐池县	17.05	368.48	67.17	235.56	1 814.81	2 124.55	6.92	8.24	67.98	7.91	45.16	18.74	502.46	36.85	16.76	0.35	0	1 405.3
同心县	53.35	54.85	43.63	189.85	2 199.52	2 205.28	49.37	3.21	268.87	18.29	9.42	70.42	86.22	6.71	180.88	124.87	0	1 406.1
中卫市区	58.28	28.39	50.87	299.39	1 336.99	1 144.6	59.89	13.25	45.35	12.01	33.01	19.24	481.23	1.92	26.66	156.06	172.44	589.54
中宁县	5.28	106.93	15.81	138.99	861.51	434.11	50.39	11.84	65.24	5.56	30.23	6.91	44.51	14.05	47.79	0	40.53	595.56
海原县	183.02	87.71	83.69	198.28	2 204.07	1 767.7	40.96	7.04	193.17	1.9	24.42	7.2	9.37	0	19.47	0.56	0	687.25
西吉县	92.45	309.54	125.56	139.92	680.93	1 478.57	11.56	15.96	19.49	3.18	8.52	0	0.77	0	29.81	1.89	0	179.89
隆德县	67.78	85.03	54.66	23.35	173.8	134.39	23.68	4.57	14.32	5.2	5.69	1.74	0	0	4.72	0.11	0	394.49
彭阳县	57.52	203.3	201.55	122.03	378.81	797.5	19.72	4.67	163.71	2.44	5.15	0.33	0	0	24.21	1.32	0	533.08
固原市原州区	168.86	148.66	410.88	428.72	551.03	963.72	28.18	5.64	225.26	17.11	9.68	12.75	0	0	14.44	1.63	0	899.08
泾源县	277.3	12.08	52.82	88.89	91.42	113.55	2.18	0.67	22.62	0.93	1.24	0	0	0	8.4	1.22	0	79.27

1.4.3 生态环境质量评价

根据国家环境保护部颁布的《生态环境状况评价技术规范（试行）》（HJT 192—2006）方法评价表明：2006年宁夏生态环境质量指数（EI）为42.57，较2004年的41.48提高了1.09，生态环境质量为"一般"，植被覆盖度中等，生物多样性处一般水平，较适合人类生存，但有不适合人类生存的制约性因子出现。近几年，随着宁夏草原保护、禁挖干草发菜、退耕还林还草等生态保护措施的不断推进，加上实施节能减排、总量控制等控制工业污染物排放的措施，生态环境质量有所改善，生态环境恶化的趋势得到初步遏制，但生态环境仍十分脆弱。

1.4.4 自然保护区状况

截至2006年底，宁夏共建立自然保护区13个，面积达5540 km^2；自然保护区面积占宁夏土地面积的10.7%。其中，国家级自然保护区5个，面积为4025 km^2，省级8个，面积为1515 km^2。与2000年相比，增加自然保护区5个，增加面积为2500 km^2，自然保护区名录见表1-12。

表1-12　自然保护区名录

保护区名称	面积（ hm^2 ）	主要保护对象	类型	级别	现级别批建时间	主管部门
宁夏贺兰山国家级自然保护区	206 250	干旱风沙区森林生态系统及珍稀动植物资源	森林生态	国家级	1988.5.9	林业
宁夏六盘山国家级自然保护区	67 000	野生动物水源涵养林	森林生态	国家级	1988.5.9	林业
宁夏沙坡头国家级自然保护区	13 722	自然沙生植被及人工植被、野生动物	荒漠生态	国家级	1994.4.5	环境保护部
宁夏罗山国家级自然保护区	33 700	干旱风沙水源涵养林及自然保护综合体	森林生态	国家级	2002.7	林业

保护区名称	面积（hm²）	主要保护对象	类型	级别	现级别批建时间	主管部门
宁夏云雾山自然保护区	4 000	干旱草原生态系统	草原草甸	省级	1985.1.1	农牧
宁夏沙湖自然保护区	5 580	湿地及珍禽	内陆湿地	省级	1997.1.27	农垦
宁夏石峡沟泥盆系剖面自然保护区	4 500	泥盆系地质剖面及古生物群	地质遗迹	省级	1990.2.28	国土资源
宁夏白芨滩国家级自然保护区	81 800	沙生植被及荒漠生态系统	荒漠生态	国家级	2000.4	林业
宁夏哈巴湖自然保护区	84 000	荒漠生态系统	荒漠生态	省级	2003.3	林业
宁夏青铜峡库区湿地自然保护区	19 500	湿地生态系统及珍禽	黄河湿地	省级	2003.7	环保
火石寨"丹霞"地貌景观自然保护区	9 795	地质遗迹及动植物资源	地质遗迹	省级	2002.12	—
宁夏党家岔（震湖）湿地自然保护区	4 100	湿地及动植物资源	震湖湿地	省级	2002.12	—
宁夏海原县南华山自然保护区	20 100	水源涵养林及野生动植物	森林生态	省级	2004.12	林业
合计	554 047	截至2006年底，宁夏自然保护区面积占全区土地面积的10.7%				

　　自然保护区的建设对生物多样性、珍稀濒危物种的保护及生物安全做出了一定的成绩。宁夏自然保护区面积的快速扩大，不仅对保护宁夏的生态环境、自然资源及生物多样性起到了不可替代的作用，而且对宁夏的经济发展、社会进步和人民生活水平奠定了良好的物质基础。

2

区域资源环境承载力研究进展

2.1 区域资源环境承载能力的概念与类型

2.1.1 区域资源环境承载能力的概念

资源环境承载能力指在维持人地关系协调可持续的前提下，一定区域内的资源环境条件对人类生产生活的功能适宜程度及规模保障程度。区域资源环境承载能力并非简单地追求资源环境所能支撑或供养的最大人口规模，它既要求人类生产生活适宜，区域内人类物质生活水平和人居环境优质，又要维系生态环境良性循环，保持生态系统的健康稳定和生态安全，还要确保资源合理有序开发，实现各类资源的永续利用。它以人地关系协调可持续为前提，将资源与环境综合效应整体考虑，探究其支撑经济社会可持续发展的匹配关系与变化。

如图 2-1 所示，从概念界定不难看出，区域资源环境承载能力由承载体和承载对象两大基本要素组成。承载体即为资源环境系统，不但是生命存在的基础，而且为人类物质生产提供了劳动资料、劳动对象，以及生产过程得以进行的空间场所，还为人类的生产生活废料提供了排放的空间和净化条件。承载体可分为两类：①无机环境系统，是指由水、气、土、热等无机元素组成的无机环境，它们是各类生物赖以生存的最基本条件。②资源系统，是指由土地资源、水资源、生物资源、矿产资源等组成的支持人类社会经济发展的各类资源。承载对象为社会经济系统及从事社会经济活动所产生或所带来的一些附属。主要包括：①人口消费，是指人的生活、生产和享受等消费项目。②污染物，是指人类在生产、消费过程中产生的一些废弃物。③人类生产活动，指人类为了自身的生存和发展而进行的一些再生产活动。此外，还有一类既可视为承载体又可作承载对象，即社会环境系统，特指人类所创造的各种人造环境，如社会物质技术基础、公共设施、交通条件等。

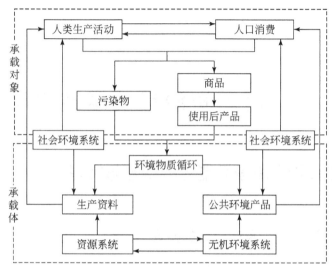

图 2-1　区域资源环境承载能力要素与基本关系

2.1.2　区域资源环境承载能力的类型

区域资源环境承载能力根据要素类型不同，可分为土地资源承载能力、水资源承载能力、矿产资源承载能力、水环境承载能力、大气环境承载能力、生态环境承载能力、海洋环境承载能力等，分别从资源环境的各单项承载要素研究对人类生产生活的支撑条件和支持水平。

按区域类型不同，区域资源环境承载能力又被划分成流域资源环境承载能力、沿海（或海岸带）资源环境承载能力、城市（或城市群）资源环境承载能力等，区域类型差异导致资源环境承载能力体系中的主导因素更迭、特征因素出现。例如，流域资源环境承载能力突出了水资源和水环境重点约束下的承载能力特征，而流域内上游与下游的组合关系会成为新因素纳入承载能力的支撑体系。

2.2　区域资源环境承载能力的演化特征

人类活动的长期扰动下，区域资源环境承载能力在不同发展阶段表现一定的演化特征：①原始采集狩猎阶段，在生产力发展水平极低条件下，人类社会完全依赖于自然环境，人口数量与自然界提供的食物数量之间存在严格的制约关系，并停留在维持简单基本需求的水平，人地系统呈现原始的协调，资源环境承载能力较富余。②农业社会阶段，农耕和简单再生产活动对环境形成一定压力并表现出缓慢退化态势，但资源环境承载能力仍然较富余。③工业社会阶段，是资源环境承载力剧烈变化的时期，对化石能源等不可再生资源的集中利用，资源消耗速度较快甚至枯竭，严重环境污染导致环境质量迅速恶化，资源环境承载能力突破预警值（E）并不断逼近压力的临界点（O），资源环境承载能力趋于饱和甚至超载。④后工业化阶段，通过从高消耗追求经济增长模式向可持续发展模式转型，以及环境修复和生态整治，资源环境承载能力回归至临界点以下并逐渐呈现协调可持续。不同区域类型资源环境承载能力的演化特征具有一定的差异性，具体如图 2-2 所示。

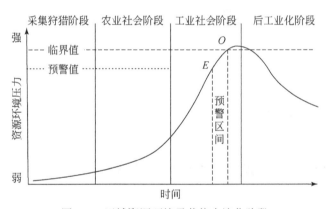

图 2-2　区域资源环境承载能力演化阶段

2.2.1　城市化地区资源环境承载能力的演化特征

如图 2-3（a）所示，在城市化地区，当资源环境承载能力接近预警值（E_1）时，人地系统开始失调，资源环境问题相继出现，在资源环境承载能力超过临界值之前（I_1）主动进行发展方式转型，逐渐减轻资源环境压力，使区域回归至人口、社会、经济与环境的协调可持续发展路径。若延误或拒绝进行转型直至达到临界点（O_1）时，造成各种问题和矛盾积压，直至严重危及人类生产生活活动的有序开展，被迫进行综合整治与发展转型，因而需要支付更高额的成本代价才能出现资源环境压力缓解的拐点（P_1）。

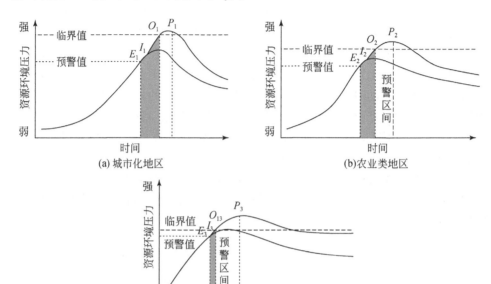

图 2-3　不同区域类型资源环境承载能力的演化特征

2.2.2　农业类地区资源环境承载能力的演化特征

农业类地区所能承受的资源环境压力临界阈值相比城市（群）地区较低，对人地关系的响应也较之更加敏感，当资源环境承载能力处于预警区间时，通过及时调整维系了域内可持续发展与人地系统的良性循环。

2.2.3　生态类地区资源环境承载能力的演化特征

生态类地区资源环境承载能力的演化呈现了演替速度快、预警期短、超载后修复难度大、周期长的特点。资源环境承载能力从富余向饱和再向超载状态更迭迅速，对人地关系的响应极为敏感，且资源环境承载能力的预警区间较城市化地区和农业类地区两类地区最短，在此期间，若错失主动转型时机将导致区域资源环境长期超载，资源环境系统严重衰退的风险大增，其修复代价巨大，甚至对生态类地区造成不可逆地破坏性影响。

2.3 区域资源环境承载能力评价的关键点

20 世纪 70 年代初, 国外就开始从全球角度开展地球系统的资源环境承载能力研究, 我国的相关研究则侧重于土地资源承载能力领域。国内外均采用国家或全球尺度, 在揭示人口容量测算的驱动关系方面具有清晰的表达, 适用于阐释资源环境上限约束, 但对于区域性的资源环境承载能力研究, 难以处理承载能力和承载区域在空间上的对应关系, 进而无法解答承载区域位置、范围、适宜功能及相应承载对象规模等关键问题。

2.3.1 地域系统的开放性

一方面, 地域功能在区域开放系统下具有较强的不确定性, 如果缺失对承载对象分类及识别, 就导致区域资源环境承载能力研究在总体框架设计、评价因素选取、评价指标体系构建等基本范畴上难以确定。另一方面, 资源环境要素无论在区域内还是区域间, 其物质能量交换是持续而广泛的。区域内各要素间、各子系统间及人文系统与其他系统之间不断进行着能量、物质和信息的交换与传递, 这种交换和传递是系统实现相对的、动态平衡的基础, 是人地系统产生有序结构的必要条件 (图 2-4)。区域资源系统的"短板"可通过区间资源调配与流动实现提升, 相应的, 区域环境系统的"长板"可能被相邻区域扰动波及成为重要限制因素。

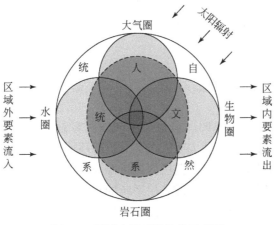

图 2-4　区域人地系统结构示意图

2.3.2　承载对象的动态性

人口和社会经济发展的规模、结构、形态与空间格局都处于不断变化的过程中，区域资源环境与社会经济系统之间通过内部的反馈机制及非线性动力学自组织机制不断经历着演变、交替和发展，当社会经济系统内部要素或外部环境某些环节发生变化时，区域资源环境系统就能感知这些变化并在一定的范围内通过自组织加以调整。特别是在科技进步、人口流动、空间管制等社会文化与制度因素的影响下，区域资源利用效率及环境整治与修复能力得到进一步释放，在区域资源环境承载能力盈亏状态的调节中发挥着积极作用。承载对象这种动态性特征使在区域资源环境承载能力评价时，增大了承载能力特征动态模拟和预测预警的难度，人地相互作用的驱动关系很难跳出静态分析的桎梏。

2.3.3　要素构成的复杂性

区域人地系统是资源、环境、人口、经济与社会相互依存、相互依赖、共同生存的共生系统，区域内各要素之间、各子系统之间按一定规律相互交错，具有复杂的非线性关系，包括力学的关系和非力学的关系、线性的关系和非线性的关系、物理型的关系和信息型的关系、单向的关系和多项的关系及稳定和不稳定的关系等。区域资源环境承载能力评价需要充分考虑到各要素之间相互作用的复杂性，对各个要素及子系统之间的相互作用关系进行分析，否则难以保障评价结果合理有效。但目前主流的研究方法只是简单地把社会经济系统和资源环境系统作为黑箱来处理，缺乏对系统内部要素构成的运行规律分析，很难有效地廓清两个系统有机的联系。

2.3.4　临界阈值的模糊性

尽管在理念上，区域资源环境最大承载阈限客观存在这一事实已被普遍接受，层出不穷的资源环境事故表明，人类对资源环境承载能力调控仅限于最大承载阈限范围内，超过了这个阈限范围区域资源环境系统和人类社会系统都将面临崩溃危机。但在实践过程中，地球表层系统的复杂性又决定区域资源环境承载能力的上限具有模糊性，资源环境承载能力随技术、参数选择及产品和消费结构而定，也随自然和生物环境的相互作用而发生改变。人类生存及其生产活动的适应能力往往超出研究的预期，用"量的上限"难以刚性计算出区域资源环境承载能力。因此，其弹性空间的客观存在制约着区域资源环境承载能力评价对界线和阈值的定量分析与动态模拟。

2.3.5 空间尺度的多元性

人地系统相互作用过程在不同规模尺度上具有多样性和灵活性，其影响因素和演变机理也因尺度变化而具有显著差异。在区域资源环境承载能力评价过程中，属性数据之间的关系常常随着研究单元和区划方式的不同而发生变化，产生了可塑性面积单元问题（modifiable areal unit problem，MAUP）。因此，空间尺度的多元性是在区域资源环境承载能力评价时始终面临的客观问题，若评价尺度选择不当，或未能梳理出与评价尺度匹配的影响因素，就会造成区域资源环境细节要件损失或整体全貌偏差，不能全面地、科学地揭示区域资源环境承载状态。此外，还会增加评价过程中基于栅格自然单元和行政区划单元的自然数据与人文数据空间融合的难度，并制约着微观与宏观分析结果间的尺度转换，给区域资源环境承载能力格局精细、系统的定量化表达带来困难。

2.4 资源环境承载力研究的时代背景和意义

2.4.1 人口高速膨胀引发资源供需矛盾和生态环境问题

我国自然环境复杂多样，社会经济发展受地形条件、地质灾害、生态安全等要素的限制极大，加之人口高速膨胀导致资源供需矛盾和生态环境问题更加尖锐，资源环境系统对社会经济系统的强烈约束是客观存在的国情。从土地资源来看，2015 年我国人均平原面积仅为 860m^2，分别相当于欧洲和美国的 12.6% 和 7%，而 2007 年我国耕地面积总量为 18.26 亿亩，只占国土面积的约 10%，其中人均耕地面积仅为 1.4 亩，不到世界平均水平的 1/2。水资源亦承受着巨大的压力，2015 年我国水资源总量为 28 412 亿 m^3，占世界水资源总量的 6% 却要供养着世界 21% 的人口，2015 年全国平均人均占有水资源量约为 2100m^3，仅为世界人均占有量的 28%，耕地亩均占有水资源量为 1400m^3 左右，约为世界平均水平的一半。据全国地质环境安全综合评价测算，我国地质环境极不安全区、不安全区合计占国土总面积的 15.7%，1999 年以来的地质灾害调查结果显示，全国除上海外各省、直辖市、自治区均存在滑坡、崩塌、泥石流灾害,现已记录编目的灾害隐患点约为23万处,直接威胁人口达1359万人,受影响人口预计6795万人。此外,生态脆弱性和敏感性日益凸显,2009年我国水土流失面积为356.92万km²,占国土总面积的37.2%,水土流失给带来的经济损失相当于GDP的2.25%,带来的生态环境损失难以估算。

2.4.2 工业化和城镇化进程以牺牲生态环境和过度消耗资源为代价

长期以来,我国高速的经济增长和大规模的城镇化是以过度消耗资源和牺牲生态环境为代价所取得的。各地区在推进工业化和城镇化的进程中,普遍忽视本地资源环境承载能力约束的客观性,盲目做大GDP和城市规模,造成我国资源环境问题进一步加剧,经济发展与资源保障、环境容量、生态安全之间的矛盾日趋突出。冒进地开展工业化、城镇化导致产业重复建设和城镇无序蔓延,全国耕地面积从1996年的19.51亿亩减少到2008年的18.26亿亩,人均耕地面积由1.59亩减少到1.37亩,18亿亩耕地的红线面临被突破的危险;人工渠道替代天然河流、人工水库替代天然湖泊、围垦造田,造成了河湖湿地生态系统的严重萎缩,20世纪50年代以来,全国面积大于10km²的635个湖泊中,目前已有231个湖泊发生不同程度的萎缩,其中干涸湖泊有89个,湖泊萎缩面积约为1.38万km²,约占湖泊总面积的18%,同样,全国天然湿地面积减少了约1350万hm²,减少幅度达28%。从环境质量来看,以煤为主的能源结构长期存在,二氧化硫、烟尘、粉尘等的治理任务更加艰巨,《中国绿色国民经济核算研究报告2004》研究显示,2004年因环境污染造成的经济损失为5118亿元,占当年GDP的3.05%。全国Ⅲ类以上水质断面仅占50%左右,城市河流中85%左右的河段均受到不同程度的污染,其中有近30%的城市河段属严重污染或重度污染。

2.4.3 区域资源环境承载能力逐渐成为区域发展决策和国土空间规划的科学依据

20世纪末以来,以人口、资源、环境与发展(population, resources, environment, developmet, PRED)为核心的人地关系综合研究成为可持续性科学研究的重要科学命题,与可持续发展的资源环境基础评价密切相关的水、土、资源、环境承载能力研究广泛开展。区域资源环境承载能力作为衡量人地关系协调发展的重要依据,正在成为区域可持续发展的重要指标,《中国共产党第十八次全国代表大会报告》中指出通过推进生态文明建设增强可持续发展能力，"形成节约资源和保护环境的空间格局、产业结构、生产方式、生活方式，从源头上扭转生态环境恶化趋势，为人民创造良好生产生活环境"。在实践中，自区域资源环境承载能力评价在汶川、玉树、舟曲、芦山四次灾后重建规划中得到全面应用以来，区域资源环境承载能力在全国主体功能区规划、全国国土规划、东北振兴规划、京津冀都市圈规划等国家重大区域规划，土地利用规划和城市规划等逾百项国土空间规划中得到应用。2010 年国务院颁布的《全国主体功能区规划》中明确指出"推进形成主体功能区，就是要根据不同区域的资源环境承载能力、现有开发强度和发展潜力，统筹谋划人口分布、经济布局、国土利用和城镇化格局"，将国土空间划分为优化开发、重点开发、限制开发和禁止开发四类主体功能区，并提出根据区域资源环境承载能力开发的理念，强调"根据资源环境中的'短板'因素确定可承载的人口规模、经济规模及适宜的产业结构"。

2.4.4 研究意义

2.4.4.1 区域资源环境承载能力是人地关系相互作用研究的重要载体

将单纯基于自然资源禀赋的承载能力研究扩展到涵盖自然资源禀赋和人类发展需求的综合承载能力研究，通过资源环境承载能力研究、揭示自然系统（地）对人文系统（人）的作用力及作用关系，是人文-经济地理学进行人地系统相互作用研究的重要载体。人文-经济地理学旨在揭示地球表层的自然圈层与人类生产生活圈层相互作用关系及其人地关系地域系统和国土空间开发格局形成演变的规律。人地相互作用成为人文-经济地理学研究的关键命题，也是人口资源环境相均衡、经济-生态-社会效益相统一的国土空间开发格局优化的基础性研究。吴传钧认为"人"和"地"两种要素按照一定的规律相互作用交织在一起，交错构成复杂的、开放的巨系统的内部具有一定的结构和功能，在空间上具有一定的地理区域范围，便构成了一个人地关系地域系统。他强调"对人地关系的认识，素来是地理学的研究核心"（吴传钧，1991；陆大道和郭来喜，1998）。在自然地理学领域，以物质能量流为载体，通过最具活力的碳、水等生命物质循环过程，研究它们在地球不同圈层之间的运动规律及其由此产生的圈层之间的相互作用规律，很好地刻画了人地关系的相互作用过程及其机制。相比之下，长期以来人文-经济地理学未能找到较优的人地关系研究载体。资源环境承载能力综合研究为探索人地关系地域系统中"地"对"人"的作用提供了一种途径。

2.4.4.2　区域资源环境承载能力是区域可持续发展理论的发展与深化

区域可持续发展理论的深化不仅需要区域资源环境承载能力的理论探索与研究拓展，还需要区域资源环境承载能力提出综合测度区域可持续发展状态的技术支撑与方法体系，开展区域资源环境承载能力研究是区域可持续发展理论发展和完善的基础，对推动地球自然资源和国土空间可持续性研究具有重要的理论意义。区域可持续发展的核心在于经济、社会发展与资源环境之间的相互协调，而资源环境承载能力作为测度三者相互作用关系的纽带，是衡量区域可持续发展的重要判据（图2-5）。资源环境承载能力探讨一定时期、一定的经济技术水平下，一定区域的资源环境条件，在维持生态环境系统良性发展的前提下，所能持续支撑的人口及社会经济发展规模或能力，其研究不仅注重区域PRED间的相互作用机理，测度和评判区域资源环境对经济社会发展的支撑能力和保障程度，还对未来的发展趋势进行情景预测分析等，这些问题都是可持续发展理论研究的重点内容。采用区域资源环境承载能力的理念和评价方法认识区域可持续发展条件，为科学选择区域可持续发展模式奠定了基础。随着人们对可持续发展的要求不断提高，全球社会经济的空间分布格局正逐步走向与资源环境的平衡与协调，资源环境承载能力评价的综合研究对社会经济与资源环境协调发展发挥着积极作用。

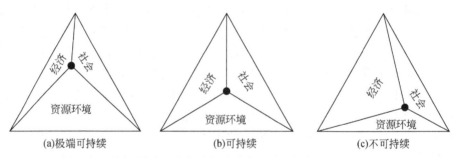

图2-5　不同区域发展态势表征的经济、社会与资源环境相互关系

2.4.4.3　区域资源环境承载能力评价支撑国土空间规划和区域发展战略制定

长期以来，我国各种空间布局规划的编制缺乏科学基础，从而降低了规划编制和决策的科学性。区域资源环境承载能力评价作为编织国土空间规划的基础性工作，为国土开发条件的适宜性及限制性的确定、国土开发分区和空间结构的确

定、不同区域开发强度和功能指向的确定、区域城市化模式和产业结构调整方向的确定、国土整治重大工程的确定等提供科学依据，为统筹谋划人口分布、经济布局、国土利用和城镇化格局，引导人口和经济向适宜开发的区域集聚，促进人口、经济与资源环境相协调发挥着重要作用。此外，区域资源环境承载能力评价在衔接协调国土规划与主体功能区规划、区域规划、城镇规划、生态功能区规划等不同类型空间布局规划方案时，在协调部门间、地区之间、中央和地方之间等不同国土空间资源需求主体的利益时，是开展协调工作的基点和统筹各类方案的准绳，能够发挥独特的作用。

2.4.4.4 区域资源环境承载能力评价衍生区域资源环境调控和管制措施

区域资源环境承载能力评价以促进区域可持续发展为基本前提，探讨区域内社会经济系统与资源环境系统之间的作用机理，量化研究资源环境系统对社会经济系统的支撑能力，通过对资源环境系统支撑力与社会经济系统压力进行对比分析和评价，能够在国土空间规划和区域发展战略制定时认清区域资源环境本底，为区域资源环境调控提供重要参量，建立指标约束区域发展规模与路径制度安排；通过对区域资源环境承载能力的综合测算，以及对不同决策情景的区域资源环境承载能力的动态模拟和评价，建立区域资源环境承载能力调控机制，从而衍生出一系列具有明确政策内涵和实际可操作的区域土地管理、节能减排、生态保护、环境治理等领域的管制措施。

2.5 国内外区域资源环境承载能力研究进展

2.5.1 区域资源环境承载能力单要素研究进展

2.5.1.1 区域土地资源承载能力研究

区域土地资源承载能力以粮食为标志，旨在计算区域农业生产所提供的粮食能够养活多少人口，主要围绕"耕地-食物-人口"展开，它以耕地为基础，以食物为中介，以人口容量的最终测算为目标。威廉·阿伦（W. Allan）提出了以粮食为标志的土地承载能力计算公式，测算在不发生土地退化的前提下，一个土地利用系统所能永久支持的最大人口密度，以每平方公里人数表示，主要考虑总土地面积、耕地面积和耕作要素等。而后以联合国粮食及农业组织（Food and

Agriculture Organization，FAO）1977 年进行的发展中国家土地的潜在人口支持能力研究影响较大，它以国家为单位进行计算，将每个国家划分为若干农业生态单元作为评价土地生产潜力的基本单元，同时给出各农业生态区农业产出对高、中、低 3 种投入水平的响应，按人对粮食及其他农产品提供的热量及蛋白质的需求，给出优化种植结构及相应的农业产出，得出每公顷土地所能承载的人口数量。

国内的区域土地资源承载能力研究较之国外稍晚，前期着重评估全国土地承载能力的总量、地域类型与空间格局。例如，1986 年中国科学院自然资源综合考察委员会在中国 1∶100 万土地资源图编制基础上，首先开展并完成了《中国土地资源生产能力与人口承载量研究》，该研究从土地、粮食与人口的平衡关系出发，讨论了中国土地与粮食的限制性，并预测了 2000 年、2025 年和最大生产力的食物生产能力及其可供养人口规模。1989～1994 年，国家土地管理局与联合国粮食及农业组织合作引进了农业生态区（agricultural ecology zone，AEZ）技术，在 1∶500 万土壤图基础上进行了中国土地的食物生产潜力和人口承载潜力研究，测算了在低、中、高投入水平下全国土地分别可承载 11.0 亿～11.9 亿人、13.9 亿～14.8 亿人和 14.9 亿～18.9 亿人。而后土地承载能力研究的区域由全国性的大尺度转向中小尺度，尤其是针对省域或城市地区的土地承载能力研究的内容逐渐增多。区域土地资源承载能力研究是当前资源承载能力研究的热点之一，已取得一定进展和研究成果，但总体上尚处在进一步发展和完善之中，多数研究领域局限于测算耕地的粮食生产能力及人口粮食消费的承载能力，且以相对孤立、封闭的视角研究区域系统，忽视了区际贸易的作用及区际人口流动的影响，因而可操作性不足，并且难以揭示区域人地关系。

2.5.1.2　区域水资源承载能力研究

区域水资源承载能力研究主要面向评价指标与方法、水资源承载能力类型区等方面。区域水资源承载能力评价指标作为判断和评价现状水资源是否超载的重要依据，学术界从自然条件、社会经济需求等角度进行了有益的探索。许有鹏（1993）以新疆和田河流域为例，选取影响水资源承载能力的主要因素，如耕地率、水资源利用率、供需水模数、人均供水量和生态用水率等进行综合评价。曲耀光和樊胜岳（2000）从流域水资源供需平衡和生活质量入手，对黑河流域水资源承载能力进行了分析计算。惠泱河等（2001）对水资源承载能力评价指标体系进行了专门研究，从承载社会经济能力、承载人口能力、水环境容量、可供水量、需水量 5 个大方面共 16 个分项中设置了 60 多个指标，并从中选取 8 个指标对陕西关中地区水资源承力进行分析评价。朱一中等（2002）从水资源供给能力、水环境容量、人口发展、社会经济发展、水资源区际调配、产品交换 6 个方面设置了 18 个评价指标。冯海燕等（2006）选取工业总产值、农业总产值和可承载的城镇人口数量作为北京市水资源承载能力的衡量指标，在现状延续、节水兼污水再生回用、节水兼境外调水和综合型 4 种方案下模拟北京市水资源承载能力的动态变化。从评价指标出现的频率来看，采用频率较高的经济系统指标有人均 GDP、单位 GDP 水耗、三次产业比重等；社会系统指标有人均粮食产量、人均生活用水定额、城市化水平、人口密度、人口自然增长率等；自然系统指标有水资源利用率、人均可用水资源总量、生态环境用水率等。

在水资源承载能力类型区研究中，囊括了流域承载能力、湖泊承载能力、绿洲承载能力、沿海地区海洋承载能力等，其中，流域承载能力的研究成果居多，如对海河流域、黑河流域、石羊河流域、塔里木河流域、黄河流域、辽河流域的水环境承载能力研究等。在流域承载能力研究中，以北方片区和内陆河片区为主要研究对象，尤其是水资源严重不足、污染严重的西北内陆河和黄河、海河流域。目前，区域水资源承载能力研究存在的问题是现有的区域水资源承载能力研究着重分析了水资源可承载人口和社会经济发展总量规模与结构，事实上水土资源与社会经济活动的空间配置状况对区域水资源承载能力有着极为重要的影响，因此有必要加强空间差异与区域组合研究，以进一步增强区域水资源承载能力研究成果的实用性。

2.5.1.3　区域环境承载能力研究

在全球日益严峻的生态破坏和环境污染形势下，学术界开始高度关注和重新评估环境问题，环境自净能力、环境容量、环境承载能力等概念相继被提出。国内区域环境承载能力概念较早出现在《我国沿海新经济开发区环境的综合研究——福建省湄洲湾开发区环境规划综合研究总报告》中，该研究构建了港口资源、水资源指标、土地资源、大气输送扩散能力、海域污染物扩散自净能力、污染物承受能力 6 类指标，并建立承载能力指数评价模型进行分析。唐剑武等（1997）从环境系统与社会经济系统的物质、能量和信息交换上入手，将环境承载能力指标分为以下 3 类：①自然资源供给类指标，如水资源、生物资源、土地资源等；②社会条件支持类指标，如经济实力、公用设施、交通条件；③污染承受能力类指标，如污染源迁移、扩散和转化能力，绿化状况等，并以此为基础构建环境承载能力模型进而进行分析评价。洪阳和叶文虎（1998）认为环境承载能力指标分为自然资源支持力、环境生产支持力及社会经济技术支持水平 3 类指标，同时提出了可持续环境承载能力的两种计量模型。在近年来的定量研究中，李定策和齐永定（2004）确定了分析焦作市大气环境承载能力的发展变量和制约变量，根据制约变量及当地实际情况对各发展变量进行评分，再通过加权求和计算了焦作市区 1996～2000 年大气环境承载指数的大小。戴其文（2008）以灰色预测理论为基础，建立了 GM①（1，1）模型对甘肃省武威市未来水资源承载能力状况进行预测和精度分析。吕建树等（2010）基于对山东省水资源承载能力进行评价时，应用灰色系统理论构建了区域水资源承载能力评价的灰色模式识别模型，分析了空间分布差异及水资源承载状况类型区划，并提出了水资源持续利用的建议。张可云等（2011）应用相对剩余率模型对全国 31 个省、直辖市、自治区的环境综合承载能力进行了计算。

在一系列指标体系探讨与定量研究积累下，区域环境承载能力被定义为"在维持环境系统功能与结构不发生不利变化的前提下，一定时空范围的环境系统在资源供给、环境纳污和生态服务方面对人类社会经济活动支持能力的阈值"（刘仁志等，2009）。目前，对区域环境承载能力的研究往往将区域视为封闭系统，只考虑研究区域内各种环境要素的最大承载能力，显然这种承载能力只是区域在相对封闭状态下的承载能力，其结论不可避免地具有一定的片面性。评价结果呈现若干区域相对环境承载能力值的大小比较，难以刻画区域内人地系统整体的环境承载能力。

2.5.1.4　区域生态承载能力研究

狭义区域生态承载能力往往研究生态系统所能容纳的最大种群数量，而广义研究将生态系统的自我维持、自我调节能力同社会经济活动强度和具有一定生活水平的人口数量相联系，前者以净初级生产力估测法的研究较为典型，后者运用生态足迹法的研究较具代表性。通过对净初级生产力的估测，确定该区域生态承载能力的指示值，通过判定现状生态环境质量偏离本底数据的程度作为自然体系生态承载能力的指示值。例如，王家骥等（2000）根据水热平衡联系方程及植物的生理生态特点建立了净初级生产力模型，对黑河流域净初级生产力进行估算。李金海（2001）将大陆典型生态系统净初级生产力作为背景值，探讨确定了自然系统最优生态承载能力的依据，并以河北丰宁县为案例进行了生态承载能力测算。与净初级生产力测算不能反映生态环境所能承受的人类各种社会经济活动能

---

① GM 指 grey model，即灰色模型。

力不同，基于生态足迹法的区域生态承载能力研究，集中体现了自然生态系统对社会经济系统发展强度的承受能力和一定社会经济系统发展强度下自然生态系统健康发生损毁的难易程度。生态足迹以具有等价生产力的生物生产性土地面积为衡量指标，定量表征人类活动的生态负荷和自然系统的承载能力。全球足迹网络（global footprint network，GFN）按照收入对不同国家和地区进行分组，基于生态足迹方法研究了不同组的生态承载能力及相应的可持续发展状态（谢高地等，2011）。Hubacek 和 Giljum（2003）将投入产出分析引入到生态足迹模型中，考虑产品与服务所涉及中间部门的生态空间需求，对提高传统核算模型的结构性、准确性和完整性具有重要的意义。戴科伟等（2006）提出了区域总生态承载能力和可利用生态承载能力的概念，为生态足迹分析方法应用于小尺度生态脆弱区的承载能力研究提供了方法框架。而供需平衡法用区域生态系统提供资源量与当前发展模式下社会经济需求之间的差量关系，以及现有的生态环境质量与当前人们所需求的质量之间的差量关系来衡量（高吉喜，2001）。

2.5.2 区域资源环境承载能力综合研究进展

2.5.2.1 宏观尺度区域资源环境承载能力研究

全球尺度的区域资源环境承载能力研究可追溯到 20 世纪 60 年代末到 70 年代初，由美国麻省理工学院的丹尼斯·梅多斯（D. Meadows）等学者组成的"罗马俱乐部"，利用系统动力学模型对世界范围内的资源（包括土地、水、粮食、矿产等）环境与人的关系进行评价，构建了"世界模型"，深入分析了人口增长、经济发展（工业化）同资源过度消耗、环境恶化和粮食生产的关系，预测到 21 世纪中叶全球经济增长将达到极限，并提出避免世界经济社会出现严重衰退的经济"零增长"发展模式。20 世纪 80 年代末到 90 年代初，以英国爱丁堡大学马尔可·史勒瑟（M. Slesser）为代表的学者提出采用提高承载能力策略模型（enhancement of carrying capacity options，ECCO）作为资源环境承载能力的计算方法，该模型在"一切都是能量"的假设前提下，通过自然资产核算将资源、环境和经济因素相联系，以能量为折算标准，建立系统动力学模型，模拟不同发展策略下，人口与资源环境承载能力之间的弹性关系，从而确定以长远发展为目标的区域发展优选方案。从全国层面来看，区域资源环境承载能力评价已经越来越成为我国各项重大空间规划中的重要组成部分，不仅在全国主体功能区划中已经包含了这样的工作，在汶川地震和玉树地震的灾后重建总体规划中还作为了重建适宜性分区的主要依据（樊杰等，2008；樊杰等，2010）。在全国国土规划纲要编制的前期研究中，综合考虑地形、地质灾害、气候、生态安全、粮食安全等国土开发限制性因素的影响，得到全国国土开发的实际潜力，综合考虑交通通达性、现有城乡建设用地影响性、规划城市群的影响性等国土开发动力，分析了不同区域国土开发利用的风险和适宜性。张燕等（2009）研究了2000年和2006年我国省域的区域发展潜力和资源环境承载能力的空间关联性规律，认为区域发展潜力与资源环境承载能力空间分布呈现由沿海到内陆再到西部阶梯递减的趋势，并提出资源环境承载能力是影响区域发展潜力的重要因素，其对低发展潜力地区所起的制约作用比高发展潜力地区要大。陶岸君（2011）通过对不同地区区域发展的土地资源成本、水资源成本、环境成本和灾害成本的评估，得出我国县域资源环境承载能力的空间格局，并以此结果作为约束未来国土开发的主要条件。

在跨区域的大尺度研究中，毛汉英和余丹林（1999）采用状态空间法量度区域承载能力，通过构建承压类、压力类、区际交流三大类指标建立评价指标体系，对环渤海区域资源环境承载能力进行定量评价，并利用系统动力学模型对区域承载能力和承载状况的变化趋势进行模拟和预测，其模型由经济、环境、物耗、人口、承载基础、生活质量和区际交流7个子模块构成。马爱锄（2003）选用生态足迹和相对承载能力两种方法对2001年西北地区的资源环境承载能力进行了计算，认为西北地区自1985年以来一直处于超载状态，且超载人口规模始终维持在1000万人以上。吕斌（2008）在《中国城市承载能力及其危机管理研究》课题综合报告中，采用单要素承载指数和综合指标体系两套方法对我国京津冀城市群、长江三角洲城市群、珠江三角洲城市群、中原城市群和成渝城市群五大城市群的资源环境承载能力现状进行评价，通过调节城市化速度、资源结构、资源利用效率等因素模拟城市资源环境要素需求。邱鹏（2009）设计出资源环境承载能力供给量和需求量的两套指标体系，采用层次分析法（analytic hierarchy process，AHP）和"均值化"法来实现指标权重的确定和指标数据的无量纲化，计算出西部地区省域资源环境承载能力的综合评价结果。吴振良（2010）基于物质流模型的评价指标体系，选取矿产资源开发强度、工程建设开发强度、生物资源利用强度等10个指标组成的资源环境压力评价指标体系，引入生态足迹模型中对区域生态承载能力的测算方法，测算环渤海3省2市的区域资源环境压力指数。陈修谦和夏飞（2011）以自然资源丰裕度、资源使用效率、环境治理能力和水平、生态环境破坏程度为评价内容，综合运用层次分析法、动态集对分析法对中部6省的资源环境综合承载能力进行评价。陈吉宁（2013）在对环渤海沿海地区13个地级市的资源环境承载能力评估时，除考虑陆域资源环境要素外，还纳入近岸海域环境容量指标，海域统筹综合考虑区域承载能力超载状态。

2.5.2.2 中观尺度区域资源环境承载能力研究

早期中观尺度研究主要有对绿洲生态环境承载能力的系列研究，方创琳和申玉铭（1997）采用灰色计量模型原理与方法，对 2010 年河西走廊绿洲生态前景和承载能力做了系统分析；张传国（2002）、张传国和方创琳（2002）、张传国和刘婷（2003）、张传国等（2002）提出绿洲系统生态-生产-生活"三生"承载能力的概念，即绿洲系统承载能力是指绿洲系统的自我维持、自我调节能力，绿洲系统资源与环境的供容能力（生态承载能力）及经济活动能力（生产承载能力）和满足一定生活水平人口数量的社会发展能力（生活承载能力），进而系统探讨了绿洲系统"三生"承载能力的评价指标体系，并采用多模型互补对接支持下的系统动力学模型，对塔里木河下游地区绿洲系统"三生"承载能力进行了多情景预测分析。

近年来，中观尺度研究的系统成果以中国科学院牵头开展的面向汶川灾后恢复重建规划的资源环境承载能力综合评价为代表。该研究根据水土资源、生态重要性、生态系统脆弱性、自然灾害危险性、环境容量、经济发展水平等的综合评价，确定可承载的人口总规模，提出适宜人口居住和城乡居民点建设的范围及产业发展导向。围绕重建规划区适宜性程度评价，首先确定自然地理条件、地质条件与次生灾害危险性、人口与经济发展基础 3 类共 10 个指标项，作为承载能力评价的基本指标体系，并把灾害损失作为辅助指标、把堰塞湖胁迫作为不确定因素，参与重建条件适宜性评价。然后按照重建条件适宜性的基本标准，采用"逐步遴选、动态修正、综合集成"的方式，对重建条件适宜性进行 5 级评价。其次增加灾损指标、并综合考虑居民点空间结构合理化的要求，归纳适宜性的 3 种区域类型。最后选择 10 个极重灾县符合条件的地块，结合灾损和受活动断裂、山地次生灾害威胁程度及工程地质的判断，提出适宜和适度重建地块的被选用地，作为进一步深入工作的对象区，并修正重建条件评价结果。此外，还增加了堰塞湖不确定因素，对依据评价结果进行重建的时序安排提出建议（樊杰等，2008）。其他中观尺度的研究基本以区域综合承载能力指数排序和测算承载人口数量为目标。钱骏等（2009）对阿坝藏族羌族自治州地震灾区资源环境承载能力评估，通过对土地资源承载能力、水资源承载能力、大气环境容量、水环境容量的测算，认为区域的土地资源承载能力相对较差，是制约阿坝州地震灾后重建、产业和城镇规划布局的主要因素。彭立等（2009）对水资源、环境容量和土地资源分别进行评价，确定以土地资源的人口承载能力反映汶川地震重灾区 10 县的资源环境承载能力，并从土地粮食承载人口、适宜建设用地承载人口和经济收入承载人口3个方面分别进行计算，综合确定人口的合理规模。赵鑫霈（2011）确定了聚集程度、资源支撑、环境容量和科技进步来代表资源承载能力指标，以及人口发展、经济增长、资源消耗和环境污染来代表人口与社会经济发展压力指标，计算出了长江三角洲地区六大核心城市的资源环境承载能力指数。高红丽（2011）建立了包括土地、水资源、科教、环境和交通五大要素、25个指标组成的综合承载能力评价体系，而每个指标项划分为压力类和支撑力类两个维度，进而对成渝城市群城市综合承载能力进行分析。陈玉娟（2012）建立了辽宁省海岸带水资源承载能力 SD（system dynamic，系统动力学）模型和土地资源承载能力的评价指标体系，对辽宁省沿海6市水、土资源承载能力的动态变化进行了综合评价。李旭东（2013）研究了1995~2006年贵州省乌蒙山区自然资源、经济资源和社会资源对其人口的相对承载能力。王红旗等（2013）从生态支撑系统、资源供给系统、社会经济系统及调节系统4个方面构建资源环境承载能力评价指标体系，并运用集对分析模型对内蒙古自治区资源环境承力进行评价。陈海波和刘旸旸（2013）运用层次分析法和聚类分析法，对江苏省13个市区资源环境承载能力的空间差异进行了比较研究。

2.5.2.3 微观尺度区域资源环境承载能力研究

相比大尺度研究，微观尺度区域资源环境承载能力研究开展较晚、研究成果较少，较典型的成果有中国科学院面向玉树、舟曲和芦山灾后重建规划的资源环境承载能力综合评价，这些研究以地质灾害为主控因子，以水土条件、生态环境为重要因子，以产业经济、城镇发展、基础设施为辅助因子，以灾损分析为参考因子，全面评估灾区的资源环境条件并制定了重建分区方案。其他研究包括孙顺利等（2007）分析和建立了矿区资源环境承载能力评价指标体系及结构，运用矢量投影原理，建立了矿区资源环境承载能力评价的多指标投影评价模型。王浩和江伊婷（2009）在镇域尺度传统人口规模预测基础上，以土地承载能力预测法进行校核，从而确定一个合理的城镇人口。田宏岭等（2009）采用多因素综合叠加统计方法对地质灾害、地貌环境、耕地资源、旅游资源、水资源5项因素进行评价，对研究区域按3km×3km进行栅格化处理，得出成都市灾区5县市资源环境承载能力的初步分区结果。吴良兴（2009）以大型煤矿矿区生态系统为研究对象，构建了煤矿矿区的资源环境综合承载能力评价指标体系，并确定了评价指标的标准化表达式及评定指标分值。刘斌涛等（2012）通过构建山区人口压力测算模型，纳入城镇人口压力指数、农村人口压力指数和人口自然增长率3个构成要素，综合反映了基于资源环境承载能力评估的四川省凉山彝族自治州人口数量压力特征。王帆（2012）利用 GIS 空间分析功能，在建立人口集聚度、经济发展水平、交通优势度、可利用土地资源、可利用水资源、地质灾害危险性、生态环境敏感性、环境容量超载度 8 个指标模型的基础上，最终确立资源与环境承载能力综合评价模型，得出了基于栅格的阳高县资源环境承载能力综合评价图。王进和奇涛（2012）建立厦门市集美区半城市化地区复合生态系统动力学模型，模拟惯性发展情景、既定目标发展情景和保护生态环境情景下社会、经济与自然因素之间的动态关系。

2.5.3 区域资源环境承载能力评价模型解析

2.5.3.1 生态足迹法

生态足迹法通过计算特定区域内消费及废弃物排放所需要的生物或生态生产性面积来表征发展造成的生态负荷（即生态足迹需求），用该区域能够提供的生态生产性土地面积表征其生物供给力或生态供给力，即生态足迹供给，通过二者的比较来衡量和分析区域经济系统发展的可持续状况。生态足迹理论自诞生以来获得了广泛的应用，其指标是全球可比的、可测度的可持续发展指标，是涉及系统性、公平性和发展的一个综合指标。生态足迹分析所需要的资料相对易获取、计算方法的可操作性和可重复性，使生态足迹分析具有广泛的应用范围。尽管如此，生态足迹方法无论在理论上还是在方法上，都存在不足之处，在学术圈内引起了较大的争论，主要表现在：指标表征单一、过分简化，只衡量了生态的可持续程度，强调的是人类发展对环境系统的影响及其可持续性，而没有考虑人类对现有消费模式的满意程度；难以反映人类活动的方式、管理水平的提高和技术的进步等因素的影响；基于现状静态数据的分析方法，难以进行动态模拟与预测。

2.5.3.2 系统动力学方法

系统动力模型是在 20 世纪 50 年代后期，由美国麻省理工学院 Jay W. Forrester 创立的一种研究信息反馈动态行为的系统仿真方法。系统动力学方法解决问题的过程实际上是寻优的过程，其最终的目的是寻求系统较优或次优的结构与参数，以寻求较优的系统功能，系统动力模型在土地承载能力、资源承载能力、环境承载能力和生态承载能力方面得到广泛的应用。80 年代初英国科学家

Sleeser 应用系统动力学方法设计了 ECCO 模型对土地承载能力进行研究。在我国，张志良和车文辉（1992）应用系统动力学方法对新疆、青海、甘肃、陕西等省区的土地承载能力加以研究。李久明（1988）用系统动力学方法研究了黄淮海平原土地承载能力。方创琳和余丹林（1999）运用系统动力学方法分析了柴达木盆地水资源承载能力。随着研究的深入，系统动力学方法不断完善，系统动力模型日益成熟，也逐渐成为学界研究的重要手段。系统动力学模型的驱动关系明晰，能有效反映人口、资源、环境和发展之间的关系，能较好地反映系统本质，适合用于分析研究信息反馈系统的结构、功能与行为之间动态的辩证统一关系，从系统整体协调的角度来对区域生态承载能力进行动态计算。然而，参变量不好掌握，及受地域性限制等原因，系统动力学模型容易导致不合理的结论。

2.5.3.3 主成分分析法

主成分分析法是通过数理统计分析，求得各要素间线性关系的实质上有意义的表达式，即研究用变量族的少数几个线性组合（新的变量族）来解释多维变量的协方差结构，挑选最佳变量子集，简化数据，揭示变量间关系的一种多元统计分析方法。在用统计方法研究多变量问题时，变量太多会增加计算量和增加分析问题的复杂性，因此希望在进行定量分析的过程中，涉及的变量较少，得到的信息量较多。主成分分析法就可把研究的问题变得比较简单，而且这些较少的综合指标之间互不相关，又提供原有指标的绝大部分信息段。主成分分析除降低多变量数据系统的维度以外，还简化了变量系统的统计数字特征。同时，在主成分分析将原始变量变换为成分的过程中，同时形成了反映成分和指标包含信息量的权数，以计算综合评价值，较之人为地确定权数工作量少，也有利于保证客观地反映样本间的现实关系。

2.5.3.4 层次分析法

层次分析法由美国运筹学家萨提（Satty）提出，适合于研究资源环境承载能力这一多因素、多层次系统中各因素权重的确定。层次分析法的特点是：其一，通过简单的数学计算方法可将决策者对各个影响因素的主观判断进行数量化，计算结果表征的意义简单明了；其二，所需数据较少，容易获取，但对与问题相关的各种影响因素及内在联系分析得比较透彻。具体步骤是：找出影响区域资源环境承载能力的各资源、环境主要因素，建立目标、因素和因子层次结构，形成指标体系；构造判断矩阵，进行层次单排序，检验判断矩阵的一致性，再进行层次总排序，确定各因子的权重；对各指标打分，计算出评价值。

2.5.3.5　总体评述

回顾整体发展历程，区域资源环境承载能力研究从早期种群承载能力转向土地资源承载能力为主，20世纪90年代后环境承载能力、水资源承载能力不断兴起，步入21世纪后生态承载能力、城市承载能力、资源环境综合承载能力又成为研究主流。区域资源环境承载能力研究从以非人类生物种群的增长规律研究逐渐转向人类经济社会发展面临的实际问题，从食物、环境或资源单要素承载能力发展到资源环境多要素综合承载能力，应用范围从野生动物管理逐渐扩展到人类经济社会活动的各个领域。资源学、生态学、地理学及其相关学科最新、最前沿的理论研究成果都被吸纳和应用于该命题的分析与研究，如耗散结构理论、生态系统复杂理论等，研究所涉及的内容逐渐由生态科学、环境科学、资源科学扩展到了地球系统科学、生态经济学、物理学、GIS和遥感等各个领域。总之，区域资源环境的研究实现了研究对象多元化、研究要素复杂化、研究方法定量化。各尺度资源环境承载能力研究特点见表2-1。

表2-1　各尺度资源环境承载能力研究特点比较

比较内容	宏观尺度	中观尺度	微观尺度
研究对象	全球、国家、综合经济区、一级流域、省域等	城市群地区、二级流域区、集中连片贫困地区等	市域、县域、城市单体、产业园区、乡村聚落、矿区等
集成方法	系统动力学模型、层次分析法、综合指数法、状态空间法等	层次分析法、主成分分析法、系统动力学模型、生态足迹法、GM（1，1）模型、集对分析模型等	GIS空间分析法、遥感分析法、系统动力学模型、主成分分析法等
数据精度	国家级、省级行政单元	地市级、区县级行政单元	乡镇级行政单元、自然地理单元
典型案例	"罗马俱乐部"构建了"世界模型"，提高承载能力策略模型，主体功能区划县域国土空间开发综合评价指数	汶川灾后恢复重建规划的资源环境承载能力综合评价、绿洲生态环境承载能力评价	玉树、舟曲和芦山灾后重建规划的资源环境承载能力综合评价
应用价值	预警人类面临的资源环境压力状态、转变社会发展理念与方式、制定国家国土空间开发与管制策略	认识区域的可持续发展状态和发展趋势、探讨要素约束下区域发展规模与路径、建立区域资源环境承载能力调控机制	人口居民点与产业布局选址、人口合理容量测算、灾害风险规避与防治、产业发展导向制定

2.6 区域资源环境承载能力评价的体系结构

2.6.1 评价目标

通过区域资源环境承载能力评价，揭示区域人地关系地域系统演化过程、结构特点和发展趋向，制定人口–资源–环境要素的综合优化调控路径与方向，为资源合理配置、确定国土整治重点对象提供科学依据，为国土开发空间布局、"差别化"空间管治策略制定提供发展指引，有效地保障区域发展路径能够客观准确地遵循国土资源利用、国土空间开发、国土生态建设等在方向、目标、结构和布局等方面的架构，并对未来国土开发、资源利用等问题进行"预防"和"引导"，使区域经济和社会获得稳定发展的同时，自然资源得到合理开发利用，生态环境保持良性循环，实现区域人地关系优化和可持续发展能力提升。

2.6.2 评价内容

2.6.2.1 分析区域资源禀赋、环境本底和生态条件

通过区域资源环境要素的全面评价，对区域资源禀赋、环境本底和生态条件进行整体摸底。以水土资源评价为重点，分析区域可利用水土地资源的供给能力，重点探讨水土资源的规模和结构、已开发利用强度和结构及未来潜力。将宏观空间尺度的地质灾害危险性分区与微观空间尺度主要地质灾害灾种类型的分布格局相结合，评价地质灾害条件对国土空间开发利用的限制性。以环境容量为基础，分析水、气、海域环境的负荷及土壤环境质量的状态，确定环境本底条件和剩余环境容量。还应分析主要生态系统的水源涵养、防止水土流失、防止土地沙化和石漠化、生物多样性保护等不同功能，重点确定生态脆弱性的区域格局和类型划分，评估生态重要性的保护区域范围和保护重点。

2.6.2.2 开展区域资源环境承载能力综合评价

承载能力综合评价是针对综合功能开展评价，其重心是采取多种方法集成国土资源禀赋、环境本底和生态条件单项评价结果给出综合评价结论，比较不同集成评价结论综合形成全国资源环境承载能力综合评价区划，揭示不同地区综合承

载能力大小的差异，以及承载能力的特征——承载能力构成的差异。将国土空间开发利用的主要地域类型和综合功能，作为资源环境承载能力评价的对象，如综合功能为城市化且可按照资源环境承载能力的负荷程度细分为若干种城市地域类型，农牧业综合开发功能并可按照主导生产方式进行若干农牧业地域类型划分，旅游休闲综合功能并可按照对生态的影响程度区分其旅游开发的主要地域类型，生态及开敞绿色空间为综合功能并按照生态保护建设的重点进行主要地域类型的细分。

2.6.2.3　提出引导国土资源、环境、生态综合开发与合理布局的实施方案

根据各区域资源环境承载能力的不同特点和高低，制定差别化的产业发展和资源环境政策，建立资源开发利用"空间准入"制度及"空间开发管治"策略，具体而言，可优先安排相关产业向高承载能力区集聚，并对该类地区予以用地指标、财政转移、基础设施投资等方面的扶持和支撑。低承载能力区则在土地上实行更严格的建设用地增量控制，在产业政策上引导转移占地多、耗水耗能多的加工业和劳动密集型产业，提升产业结构层次，加快产业结构升级，逐步以高效、低耗、新型产业替代传统产业，推进循环经济建设，增大环保资金投入，提高"三废"处理率等。同时，确定国土综合整治目标靶区、重点整治任务及方式手段，提高生态建设的整体效率和水平。

2.6.2.4　确定区域限制性资源环境要素的合理容量、阈值或质量标准

在区域资源环境承载能力综合评价基础上，提炼区域限制性环境要素，给出其资源环境容量的等级与确定等级的阈值。根据单要素和综合承载能力的高低确定不同地区的重要资源环境的利用配额和利用标准，从可持续性、竞争力、和谐、安全等多维角度，综合给出不同地区限制性环境约束条件下的"红线"质量标准（不可持续、竞争力下降、和谐系统破裂、不安全）、"黄线"质量标准（存在潜在风险的预警）、"绿线"质量区间（合理运行的范围），编制区域节地、节水、节能、减排和循环利用的具体举措。

2.6.3　区域资源环境承载能力评价的基本流程与指标体系

2.6.3.1　基本流程

如图 2-6 所示，区域资源环境承载能力评价应构建具有空间尺度弹性和功能

指向多样性的国土开发利用适宜程度评价方法，形成承载对象分类体系及功能地域识别技术流程，根据评价对象区域的不同，科学确定承载对象，进而选择差异化的评价指标体系。具体而言，区域资源环境承载能力的综合评价首先应从国家战略、主体功能区划、上层位区域规划等角度，围绕人口集聚功能、工业生产功能、农牧业生产功能、生态保育功能等方面，对区域进行功能预估以科学确定承载对象。进而根据承载对象类型的差异，从自然地理条件、地质环境条件、生态环境条件及社会经济发展基础等维度，将常规指标与特性指标相结合构建差异化的评价指标体系，并结合区域发展因素和机制系统分析，得出国土空间开发利用适宜程度的分级评价结果。然后借助空间结构理论和方法，对区域的功能类型进行划分，在测算出国土开发强度的同时，融合收入水平、城镇化率、产业结构、

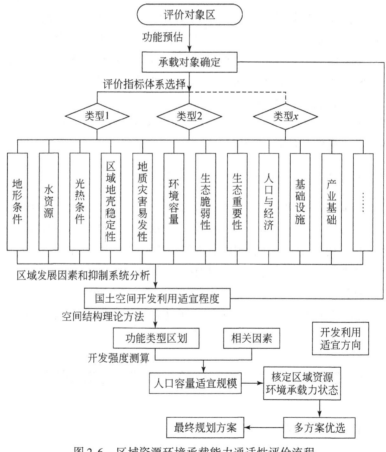

图 2-6　区域资源环境承载能力通适性评价流程

可利用土地等相关因素，基于人口容量空间分异规律与人口增长趋势分析，定量预测不同地区农业人口、城镇人口和人口承载总量，确定人口容量适宜规模，并以此核定区域资源环境承载能力状态。同时，针对承载对象的差异性和国土空间开发利用的适宜程度，进一步明确不同功能类型区的开发利用适宜方向，并根据区域资源环境承载能力的支撑条件，形成多套备选方案，通过综合比选最终确定地域功能类型及区划的推荐规划方案。

2.6.3.2 评价指标体系

（1）构建原则

区域资源环境承载能力评价指标体系的构建遵循以下原则：①科学性原则。综合评价指标体系必须立足评价区客观现实，建立在准确、科学的基础上，所选指标集合能反映区域资源环境承载状态的真实情况和人地相互作用特征，能够适应评价过程中以定量为主、定性为辅的评价过程需要。②综合性原则。能综合反映系统间各子系统、各要素相互作用的方式、强度及方向等各方面的内容。评价指标体系中各指标间不是简单相加，而是有机联系而组成的一个层次分明、关系明确的指标系统。指标选择时力求典型性、导向性、完备性。③层次性原则。构建过程应将不同指标进行分层分级组合，形成一个指标之间的有序集合。为全面系统反映指标之间的层次结构关系，区域资源环境承载能力综合评价指标体系从上到下可分为目标层、准则层、要素层及指标层四个层次。④可操作性原则。要求所有指标对应的数据可获得性较强，并能尽可能反映区域之间的差异性。在适当照顾研究区域实际情况的同时，必须能适用于不同区域类型，各项指标的含义、统计口径和适用范围对不同区域必须一致，具有可比性，所有选择的指标要能够根据测量标准进行度量，有利于指标量化。⑤可预测性原则。国土空间的区域资源环境承载能力本身是一个不断变化的动态过程，所选指标和综合评价结果既要求对区域资源环境承载能力的现状做出客观描述和评价，同时还需要对未来的发展变化情况进行预测。

（2）指标构成

根据上述原则，结合评价指标体系建构方法论，区域资源环境承载能力评价指标体系由承载体要素、承载对象要素、外部要素三个维度构成，具体包括以下要素指标和基础指标（图2-7）。

1）承载体要素，作为面向自然地理单元进行评价的指标集合，承载体要素由生态系统脆弱性、生态保护重要性、食物生产适宜性、水土资源约束性、地质环境约束性、环境容量约束性等要素指标构成。生态系统脆弱性指标包括土地沙

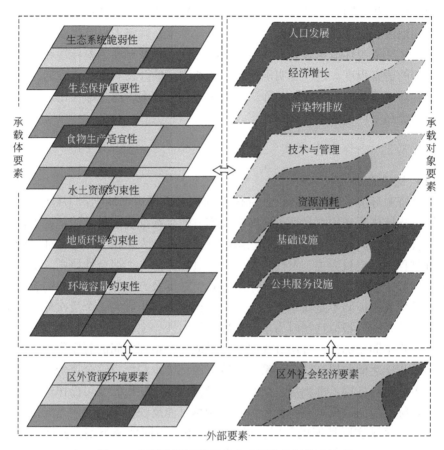

图 2-7　区域资源环境承载能力评价指标体系构成

化脆弱性、石漠化脆弱性和土地盐渍化脆弱性三项基础指标；生态系统重要性指标包括水源涵养重要性、土壤保持重要性、防风固沙重要性及生物多样性维护重要性；食物生产适宜性指标由气候（含光、热、水条件）适宜性、土壤食物适宜性、载畜能力及肉类生产能力四项基础指标组成；水土资源约束性指标包括水资源丰度、水资源开发利用效率和可利用土地资源等基础指标；地质环境约束性指标涵盖了区域地壳稳定性和地质灾害易发程度；环境容量约束性指标包括大气环境容量、水环境容量、海域环境容量和土壤环境容量等基础指标。

2）承载对象要素，是面向行政区划单元进行评价的指标集合，由人口发展、经济增长、污染物排放、技术与管理、资源消耗、环境治理、基础设施等要素指标构成。人口发展要素包括了人口总数、人口密度、人口自然增长率、城镇化水平四项基础指标；经济增长要素包括 GDP，人均 GDP，第二、第三产业产值比重，GDP 年均增长速度；污染物排放要素含二氧化硫排放量、氨氮排放量、化学需氧量排放量；技术与管理要素则包括研发支出占 GDP 比重、高新技术产业产值占 GDP 比重、环境保护与治理投资占 GDP 的比重等；资源消耗要素包括人均城市建设用地面积、人均耕地面积、人均水资源占用量、万元 GDP 水耗四项基础指标；环境治理要素由工业废水处理率、工业废气处理率、工业固体废物综合治理率构成；基础设施要素则包括城镇人均住房使用面积、人均拥有道路面积、人均供水量等基础指标。

3）外部要素，作为区域资源环境承载能力评价的辅助要素合，用于表征地域系统开放性、刻画区际重要自然或人文要素的流动，可包含区外资源环境要素流入（流出）、区外社会经济要素流入（流出）等指标。其具体基础指标应根据区域的现实特征确定，常见的基础指标有水资源或矿产资源跨区调度，水环境河流上下游间环境效应，水资源跨流域配置，外出打工、生态移民、教育移民等人口区际流动等。

2.6.4 区域资源环境承载能力评价的集成方法

2.6.4.1 总量控制法

功能综合集成既要满足区域资源环境承载能力总体调控目标需要，又要实现空间相对最优，还要达到区域间协调与平衡。通过对人口增长规模、城市化速率、工业化进程、污染物排放等压力类指标的总量控制，初步提出功能区划导向，自上而下地将发展规模总量调控在国土空间可承载范围内。在总量控制前提下，通过自下而上地对各类功能的适宜性分级评价，根据区域与部门条件进行细化分解与调整平衡，进一步提出基于国土资源环境承载能力的功能布局方案。

2.6.4.2 空间结构法

地域功能空间组合立足于区域空间结构的基本规律，在功能筛选与复合时将中心地理论、区位论、增长极理论、点轴渐进扩散理论、核心边缘理论等空间结构组织与演化模式作为判别依据，实现地域功能的空间优化配置和人类社会经济活动在空间上的合理组合。按照核心、腹地、网络三要素组分的城镇体系空间组织构架，城乡居民点配置在位序、数量、规模方面表现出序列性。在产业与设施配套时，遵循社会经济发展阶段与空间结构演变特征的耦合关系，疏密有度、分工合理地进行生产力布局。

2.6.4.3 空间相互作用法

不同地域间通过人口、物质、资金、信息等要素流动实现相互作用，区域内部、区域间的联系强度、辐射范围、吸引半径等表现出相互联系、相互促进和相互制约的关系。采用空间相互作用的模型和方法，模拟评估区域内要素间相互作用的空间格局。通过表征多个节点之间联系强度的大小，有机结合国土空间资源环境承载能力发展状态与增长潜力，确定人口迁移、产品流通、产业扩散、市场分配、技术转让、信息交流等多种社会经济因素所及的最大辐射范围，判别地域功能区划分的位置、边界和范围。

2.6.4.4 开发强度控制法

对兼备多种功能适宜性的地域，可以通过开发强度约束，调控生态空间、生产空间和生活空间的占用比重关系。根据地域功能的空间分布规律，生态空间占用比重应较大，生产空间（含农业与工业生产空间）其次，生活空间最小。从地域类型的空间分异来看，在生态类功能区，生产空间、生活空间所占比重较小，开发强度阈值应控制在较低水平；而在工业类、城市类功能区，生产空间、生活空间比重则相对较大，开发强度阈值可随之调高。总之，能够承载较高的国土开发强度区域，适度扩大发展类指标的约束阈值，并依据区域剩余的可开发强度，明确发展空间优化开发或重点开发的功能导向。

2.6.4.5 短板效应法

在一定的地域范围内，水、土、矿藏等自然资源和空间环境是有限的，在一定的生产力水平下，其所能容纳的人口与经济规模也是有限的，即区域资源环境承载能力的大小最终取决于对经济社会发展形成"瓶颈"制约作用的限制因素。采用求最小值方法确定出不同国土空间的限制性资源环境要素后，可测算出国土空间可承载的区域容量，直接筛选和识别出关键要素约束下的功能适宜性方向。同时，就能确定出限制性要素的取值、地域分布特征、主要生态环境问题等，进而对生态空间、生产空间和生活空间进行合理划定，提出不同功能区承载能力要素调控的对策。

3

面向主体功能区规划的区域发展潜力评价（2006）

　　开展主体功能区规划是落实科学发展观、实现区域协调发展的有效抓手。《中华人民共和国国民经济与社会发展第十一个五年规划纲要》指出：依据不同区域资源环境承载能力、现有开发密度和发展潜力，统筹谋划未来人口分布、经济布局、国土利用和城镇化发展，进行主体功能区规划。区域发展潜力是确定优化开发区、重点开发区的直接依据，也是划分限制开发区、禁止开发区的参考依据。

　　国务院、宁夏回族自治区政府发布的有关主体功能规划的各种文件是区域发展潜力研究的基础依据，包括国务院办公厅 2006 年《关于开展全国主体功能区划规划编制工作的通知》、2007 年《国务院关于编制全国主体功能区规划的意见》（国发〔2007〕21 号），宁夏回族自治区 2007 年下发的《自治区人民政府办公厅转发自治区发展和改革委员会关于开展宁夏回族自治区主体功能区规划编制工作安排意见的通知》（宁政办发〔2007〕20 号）和《自治区人民政府关于编制全区主体功能区规划的意见》（宁政发〔2007〕135 号）。

　　分区域发展潜力主要是针对地区未来经济发展潜力的评价，但这一评价又是建立在人口、经济、资源、环境协调发展的基础上，包含了自然地理条件、自然资源潜力、经济发展基础、交通通达程度、政府战略选择等因素，是一个综合性较强的指标。分区域发展潜力的测算必须遵循主体功能区规划的基本原则，按照国家、宁夏回族自治区编制的省级主体功能区规划技术规程的有关要求，进行科学测算得出的，发展潜力是具有科学性和精确性的指标。

　　区域发展潜力是动态性指标。一些重大工程项目的建设、经济全球化的持续深入发展、技术作用提升都会改变区域的发展潜力，影响区域发展格局。太中银铁路［太原至中卫（银川）铁路］建设、黄河大柳树水利枢纽工程、移民工程等将以改变交通通达性、用水成本、人口基础条件等方式影响到区域发展潜力的组成要素。宁夏作为民族地区，未来通过地缘关系深度融入经济全球化，各区域在利用外部推动力实现发展的过程也将存在差异，一些民族特色地区、交通条件好的地区会获得率先发展。技术水平对经济发展的作用越来越大，在资源优势向经济优势转化的过程中起到决定性作用，技术水平的差异会被逐渐放大。这些因素将改变区域发展潜力格局。

3.1 宁夏区域非均衡发展态势

改革开放以来，宁夏获得较快发展，尤其是西部大开发的实施为宁夏提供了良好发展机遇，地区生产总值由 1978 年的 13 亿元增长到 2006 年的 710.76 亿元，是改革开放时的 55 倍；人均 GDP 也由 370.11 元增长为 11 846.66 元，是改革开放时的近 30 倍；三次产业比重也由 23.57∶50.82∶25.61 调整为 11.19∶49.22∶39.59，第一产业比重大幅下降，第三产业获得较快发展。城镇化发展较快，沿黄地区形成城市带雏形，到 2007 年，宁夏城镇人口（含城镇建成区内非农业人口、农业人口和一年以上暂住人口，以下简称城镇人口）达到 260 万左右，城市化水平由 2001年的 36% 提高到 45%，年均增长 1.5 个百分点以上。但受到自然基础条件、产业基础、交通条件等区域差异的影响，各区域发展呈现出明显的非均衡状态，也构成了宁夏主体功能区划分的基础条件。

3.1.1 各区域发展的自然基础条件存在较大差异

从自然基础条件上来看，宁夏可分为南北两区。宁夏北部川区主体为宁夏平原，这里地势平坦，土层深厚，积温较高，日照充足，特别是得天独厚的黄河灌溉之利，使其自古以来就以阡陌纵横、稻麦高产的"塞上江南"而闻名。同时，北部川区储有丰富的煤炭、灰岩、硅石、陶瓷黏土及部分油气等矿产，有大量待开发的水利水能资源与荒地资源，自然基础十分优越。北部还有小部分区域属于贺兰山区，自然条件不及北部川区。

南部山区处于黄土高原及其向干旱风沙区的过渡地带，其中一部分属灵盐台地南缘的干旱区，年降水量仅 200 多毫米，多风沙而水源奇缺，人畜饮水困难，旱作农业十年九不收；一部分属典型的黄土丘陵区，水土流失过量（多数地区年土壤侵蚀模数达 3000~7000t/km²），生态环境脆弱，导致了高垦殖与低收益的恶性循环；一部分属六盘山麓阴湿低温区，年均温仅为 5℃，无霜期只有 100 天左右，且旱、涝、冻、雹等自然灾害频繁，农业生产长期处于低层次状态。严重的是整个宁南山区水、生物及矿产资源都十分贫乏，缺少经济发展的资源依托，整体自然基础过分薄弱。

3.1.2 区域经济发展的非均衡性趋势明显

宁夏山川自然基础条件的优劣对比，成为生产力发展水平巨大差异性的基础。宁夏总体呈现出典型的山川二元经济结构，即北部川区较高的经济水平与南部山区较低的经济水平并存。北部川区面积仅有南部山区面积的70%，人口却比南部山区多26.4%，主要经济指标如国内生产总值、国民收入、农业总产值、乡镇企业总收入、社会消费品零售额，分别是南部山区的2.3~6.7倍。

北部川区有历史悠久的灌溉农业，其农业现代化水平和集约化程度都高于全国平均水平，粮食单季亩产已进入全国先进行列。工业已形成以煤炭、电力、冶金、化工、机械、轻纺为主的比较全面的工业体系，多数部门生产水平达到或接近全国的水平。宁夏平原的富庶繁荣，完全是立足于发达的灌溉农业和兴盛的黄河水运。中华人民共和国成立后黄河水利得以更充分的开发利用，尤其是青铜峡水利枢纽的建成，结束了千年无坝引水的历史，使灌溉面积扩大到500万亩，并形成了保障性极高的水利灌排系统设施，使引黄灌溉农业得以长足发展。加之黄河沿岸丰富的矿产、水土资源及1958年建成的沿黄包兰铁路的通行，为工业的发展注入了活力，此后以农业——纺织、食品造纸、制糖及煤炭——电力、化学、冶金、机械为双向链条的轻、重工业迅猛崛起，沿黄城镇群及第三产业也迅速发展，基本形成了宁夏赖以生存的沿黄经济纵轴。在此轴线上现已建成银川市、石嘴山市、吴忠市、青铜峡市4个中心城市和34个建制镇的40余个中心集镇，每年创100多亿元的社会总产值，这里集中了宁夏全区98%的大中型企业、95%的工业产值和73%的粮食产量。显然该经济轴已是宁夏的经济核心、重心，也是宁夏全区经济发展的基础和依托。

而南部山区农业仍为粗放旱作经营，至今未摆脱靠天吃饭，工业基础就更为薄弱，工农业生产水平极其低下，是全国最贫困的地区之一。中华人民共和国成立后国家对南部山区的发展给予政策倾斜和重点扶持，特别是改革开放以来，国家每年都拨专款帮助实施生态综合治理和经济扶贫开发，但终因底子过薄、条件过差，经济状况仍没有根本好转。受其影响，生产力空间结构表现为初级的点状布局。作为南部山区的主体产业——农业，由于地形的影响，较稳定的耕作业主要集中于断续的清水河谷及零星散布的盆地、低地之中，呈大点状分布。而工业则是以数量有限的县镇为据点的地方小型工业和乡镇企业为主，主要从事农牧产品及土特产品加工、纺织业、建材业和农机修造业等，其工业基础十分薄弱。

未来宁夏各区域发展的非均衡性还将进一步加强。随着宁夏各区域的经济布局由原来几乎单一的指令性转变为指导性为主，由各地自然决策和行使的经济行为大大加强，不同区域在考虑经济发展和生产力布局上，自然会从实际出发，把有限的投资布局于能产生最大投资效益的地区。依照经济规律，生产力布局开始向投资环境较优越，市场体系较健全，投资效益较好的区域倾斜。宁夏北部川区的经济实力、资源条件、市场及技术条件、交通等基础设施及劳动力素质都远远好于南部山区，未来仍将是各种生产要素的主要集聚区域，与南部山区的发展差距必然会日趋加大。

3.1.3 人口经济空间格局与资源环境不一致

总体上，人口经济聚集沿黄地区与资源环境耦合相对较好。但南部山区人口相对过多，严重超过了当地的自然和经济承载力，不得不从黄河调水，但高扬程、长距离输水付出巨大成本，人口增长与生态压力越来越大。而且北部川区沿黄地区经济增长比较粗放，高耗能原材料工业比重过大，经济增长带来了沉重资源环境压力。中部干旱带和南部山区生态脆弱，第一产业发展很不稳定，第二、第三产业发展基础很差，人口经济聚集与资源环境不一致。

更为严重的是，由于对人口、资源、环境、生态之间的相互依存关系认识不足，一些盲目发展严重干扰了生态系统的功能，造成整体功能退化。宁夏部分地区过度放牧、过度开垦、任意排污、地下水超采等，造成草场退化、库井干涸、水土流失严重、地面沉降、地质灾害增多、沙尘天气频发，越来越多的制约因素直接、间接地威胁着城乡人民生存的土地空间。

3.1.4 沿黄城镇带和宁东能源化工基地是宁夏率先发展的重要区域

宁夏南北经济的不平衡发展是客观事实，也有一定的规律性，但必须争取以较快速度、较短时间完成非平衡的发展过程，尽快使区域经济向有序而平衡的发展转化。这就要求将有限的生产要素集中在发展基础好、发展潜力大的地区以提高生产要素的利用效率，推动区域增长极的形成和优先快速发展，并通过增长极的辐射作用带动全区发展。沿黄城镇带是宁夏水土资源条件最好、经济发展基础最好的区域，而宁东能源化工基地是宁夏矿产资源最为丰富、发展潜力最大的区域，未来这两大重要区域将作为宁夏的增长极而实现率先发展。

3.2 评价总则

3.2.1 研究目标

分区域发展潜力研究作为确定优化开发区和重点开发区的基本依据，是制定宁夏主体功能区规划的重要前期工作，也是宁夏制定产业政策、人口政策、土地政策等的科学基础之一。通过明确各区域的综合发展潜力与分项潜力，还有助于各区域在发展过程中充分挖掘优势条件、有效规避限制性条件，为最大限度地开发各区域发展潜力提供科学基础，是保证各区域制定科学合理的人口、经济、资源、环境的发展战略进而实现四者协调的基础依据，促使宁夏各区域又好又快地发展。

以科学发展观为指导，全面贯彻落实国家编制主体功能区规划和宁夏国民经济与社会发展"十一五"规划的有关要求，依据国家和宁夏回族自治区制定的省级主体功能区规划技术规程，综合分析宁夏发展现状、发展规划和各地区发展需求，科学确定影响宁夏各地区发展趋势的主要因素；利用层次分析法确定不同因素对发展潜力分事端分时段贡献程度，确定指标权重；定性与定量相结合分析各地区不同因素的禀赋和组合情况，与指标权重进行复合，科学确定宁夏分区域未来不同阶段的发展潜力。一方面，瞄准编制宁夏回族自治区主体功能区规划的最终要求，对宁夏分区域不同时期发展潜力进行不多于四级的等级划分。另一方面，适应主体功能区规划中区域集中连片的要求，对于自治区内一些跨行政区的重要发展地区，通过城市直接吸引范围方法、有利于资源综合继承利用的方法确定区域范围，并对这些地区在自治区内地位和作用、未来发展潜力进行评价。

3.2.2 研究方法

3.2.2.1 全面了解情况与重点深入调研相结合

通过走访宁夏回族自治区发展和改革委员会等部门，全面了解宁夏回族自治区的发展历程、现状和趋势，逐步确定影响各区域发展潜力的因素。选择银川等沿黄城市带核心城市、宁东能源化工基地等重点地区进行深入调研，考察地区开发现状，土地利用现状，水资源禀赋，电厂、煤矿等在建重大工程，水库、铁路等基础设施，等等，把握核心城市、重大项目建设对各区域发展的促动作用，确定这些重点地区未来发展潜力的变动情况。与神华宁夏煤业集团、宁夏启元药业有限公司等自治区重点行业内代表性企业进行集中交流，把握这些企业的发展现状、动向及需求，为确定影响各县（市、区）发展的因素和进行主体功能区划分奠定微观科学基础。

3.2.2.2 集成使用数量评价和地理信息系统技术

首先，根据省级主体功能区规划编制技术规程和实地调研数据，确定影响宁夏各区域发展潜力的各项因素。其次，利用层次分析法，对统计数据和专家赋权进行集成，科学评价各项因素对区域发展潜力的影响程度，得出各项因素的权重值；结合统计资料和专家意见，对各区域在不同因素上的得分进行定量赋值；最后，将各因素的权重值与各区域在各项因素上的得分值相乘再加总，得到宁夏各区域发展潜力的总分值。基于四类主体功能区的规划目标，对各地区发展潜力进行四个（或少于四个）等级的划分。

利用 ArcGIS 等地理信息系统软件对影响因素的空间差异进行分析，评价水土资源、交通可达性等因素指标的地区分异；并对不同因素的空间分异进行图形叠合，形成各地区发展潜力分布图和等级图。

3.2.3 技术路线

为直接服务宁夏主体功能区规划，确定各县（市、区）的主体功能类型，尤其是作为划分重点开发区和优化开发区的重要依据，总体上采用了"自下而上"和"自上而下"结合的路线研究区域发展潜力（图3-1）。"自下而上"是以县（市、区）为单位对各县（市、区）分要素发展潜力进行集成评价，"自上而下"是以城市和资源等要素为基础确定的集中连片地区为单位，对其发展潜力进行评价。

各县（市、区）发展潜力研究的技术路线是，参考国家发布的省级主体功能区技术规程和宁夏回族自治区主体功能区技术规程中所涉及的发展潜力指标，根据宁夏各地区发展现状与发展需求和专家意见，增加了相关辅助指标，科学确定影响区域发展的因素。通过专家打分、定量和图形模拟相结合的方法，确定影响区域发展潜力各因素的权重和分值，科学测算各地区发展潜力。对照主体功能区的四类区域，对各地区的发展潜力进行等级划分。

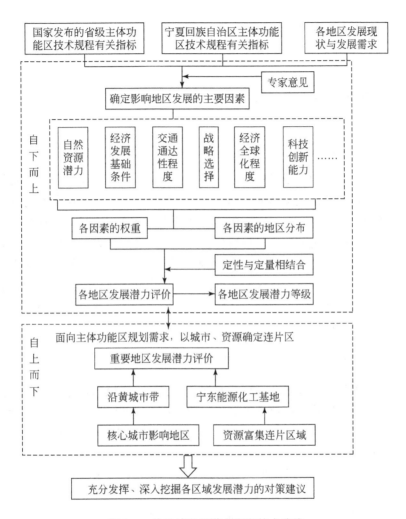

图 3-1　分区域发展潜力研究技术路线

　　重要地区发展潜力的技术路线是，根据核心城市影响范围、资源集中分布及综合利用等因素确定两类重要地区的区域范围，通过并对其在宁夏全区内的战略地位、发展潜力的来源要素等的研究，明确其发展潜力与发展方向。

3.3 分区域发展潜力评价指标体系设计

3.3.1 评价指标体系设计原则

3.3.1.1 高度重视人口、经济、资源、环境的协调发展

主体功能区规划的首要目标就是要实现各地区人口、经济、资源、环境的协调发展，这也是区域协调发展的基本要求。测度区域发展潜力必须在考虑区域资源环境承载能力的基础上，对区域所能实现的资源开发、人口和产业集聚、经济增长等的强度进行客观分析，以规避盲目开发或不合理开发所可能带来的资源无序开发、生态环境破坏等风险，实现资源开发不破坏生态、人口集聚不影响环境、经济增长不超过承载力。区域发展潜力评价指标体系尽管主要是评价各区域经济发展潜力，还必须纳入资源、环境等方面的指标项，通过各类指标在区域内的复合，确定其发展潜力。

3.3.1.2 突出主导因素与全面兼顾相结合

一方面，改革开放以来，宁夏的发展历程表明，区域内特色资源是支撑宁夏发展的主导因素，这些资源包括蕴藏丰富的煤炭等矿产资源、特色农牧产品资源等。宁夏煤炭资源探明储量达到 310 亿 t，而且分布集中、煤种齐全、煤质优良、利于开发和后续加工，已成为支持石嘴山市及周围地区发展的主要动力，也是未来宁东能源化工基地建设的主要启动资源。以枸杞、马铃薯、葡萄、清真牛羊肉等为主的特色农产品资源及其加工业是宁夏发展的又一主要支撑要素，形成了宁夏启元药业有限公司、宁夏红集团等著名特色农产品企业，灵武羊绒工业园区和同心羊绒工业园区等产业发展载体初具规模。而另一方面，水资源匮乏、交通相对不便、技术水平较为落后等因素对各区域发展的制约也很明显。这些因素是影响未来各县（市、区）发展的主导因素，其分布和组合状况在较大程度上决定了各县（市、区）发展潜力的大小。

区域发展是一个复杂的系统，区域发展潜力本身也是生态、经济、社会、文化、地缘关系等各种因素综合作用的结果，除了主导因素外，其他如后备土地资源数量、经济社会发展基础、国家和自治区的发展战略等因素也将会影响到宁夏各区域的未来发展方向、速度，全面、综合考虑各种因素的影响作用，才能更科

学地确定各区域发展潜力。

3.3.1.3　刻画发展现状与体现动态性相结合

区域发展是一个动态过程，影响发展的因素有明显的动态演替性，因此所构建的评价指标体系要既能客观描述区域现状，又可以反映区域未来发展趋势，即评价指标体系本身具有相对较好的弹性，以适应不同时期区域发展特点。目前看来，宁夏地区的经济发展基础、自然资源潜力等仍然是决定区域发展潜力的主要因素，但未来随着国内外环境的变化及宁夏发展，一些全球化、信息化等新因素对国土利用空间格局的影响加大。尤其是宁夏作为民族地区，发展地缘经济的优势相对更多，未来随着对外交通条件的改善，经济全球化对区域发展格局的影响会进一步加大。与沿海发达地区相比，由于宁夏各地的创新能力普遍较低，该因素目前对区域格局的影响不大；但未来科技创新能力对于利用宁夏当地的特色生物资源、矿产资源等的作用也将越来越强，这一因素在区域发展中的地位也会上升。

3.3.1.4　立足客观条件与发挥主观能动性相结合

宁夏的发展历程表明，发展条件好的地区更易迅速发展起来，而一些发展条件较差的地区，通过发挥主观能动性也可以促进地区较快发展。自然资源潜力、经济社会发展基础等是区域发展的客观条件，短时期内难以迅速改变。例如，矿产资源是在一定的成矿构造条件下经过漫长的地质时期形成的，经济社会的发展也是一个较为漫长的过程，这些是区域发展的基础条件，是判定区域发展潜力大小的客观标准之一。但交通优势度、水资源潜力等却可以在较短时期内发生改变，通过政策调控、大型项目建设等举措，能够降低关键性限制因素的制约作用、激发地区内其他条件，从而促进地区发展步伐。因此，评价指标体系中必须充分考虑到区域发展的基础条件，同时又应包含可以发挥主观能动性的指标。

3.3.2　评价指标体系设计

遵循 3.3.1 节中的原则，借鉴主体功能区规划技术规程中有关要素，根据造成宁夏区域发展格局不平衡的因素，广泛征求专家意见后，确定自然地理条件、经济发展基础、交通条件、技术水平差异等是影响宁夏各区域发展不平衡的主要因素，考虑到经济全球化、地缘经济发展，未来经济全球化在宁夏的影响将逐渐增大。随着西部大开发的持续深入，以及国家对特殊类型地区如民族地区、革命老区、贫困区的扶持力度加大，战略选择也将成为影响宁夏各区域的重要因素。

　　总的看来，影响未来宁夏各区域发展的因素，既有经济领域的因素如经济发展水平、产业发展活力，也有水土等自然基础条件，还有自然资源潜力等资源因素；既有客观条件包括自然地理基础、经济基础等，也有包括交通条件、技术水平、战略选择等在内的人为因素；既有目前作用较强的经济发展基础、交通条件等因素，也有未来作用逐步增强的经济全球化、技术水平等因素；对这些因素进行模块化处理，如自然地理基础条件主要选择水、土资源等，构建见表3-1的评价指标体系。

表3-1　宁夏各地区发展潜力评价指标体系

目标层	分解层	基本指标	备注
区域发展潜力指数	自然资源潜力	可利用水资源潜力	评价不同区域剩余或潜在可利用水资源对未来社会经济发展的支撑能力
		可利用矿产资源潜力	评价不同区域剩余或潜在可利用矿产资源对未来社会经济发展的支撑能力
		可利用土地资源潜力	评价不同区域剩余或潜在可利用土地资源对未来人口集聚、工业化和城镇化发展的承载能力
	经济社会发展基础	经济发展水平	评价不同区域经济发展现状和增长活力
		产业发展活力	评价不同区域产业经济增长活力
	交通通达性程度	交通优势度	评价不同区域由于交通条件的差异
	战略选择	类型区域	评价不同区域发展的政策背景和战略选择的差异
	经济全球化程度	进出口贸易总额	评价不同区域发展中获得外部推动能力的差异
	科技创新能力	科技创新能力	评价不同区域发展的创新能力差异

　　评价指标体系分为3个层次。第一个层次是区域发展潜力指数，即表征各区域发展潜力大小的综合性指标。第二个层次是分解层，包括自然资源潜力、经济社会发展基础、交通通达性程度、战略选择、经济全球化程度、科技创新能力6个复合指标。第三个层次是基本层，对于每个复合指标进一步细化为基本指标，其中自然资源潜力包括可利用土地资源潜力、可利用水资源潜力、可利用矿产资源潜力3个指标；经济社会发展基础包括经济发展水平、产业发展活力2个基本指标，其他则都是由单个基本指标构成。这些基本指标大部分可以按照国家、自治区对主体功能区规划技术规程的要求计算出来，部分未包含在内的指标也可以有较科学的定量方法计算出来。

3.3.3 评价方法

采取层次分析法计算分区域发展潜力指数。层次分析法的基本原理是将要识别的复杂问题分解成若干层次，由专家、学者、权威人士对同一层次内所列指标通过两两比较重要程度，再利用数学方法确定各层次内不同指标的权重，通过与各指标的具体得分进行复合后，得出最顶层指标的得分。采取这一方法主要是基于以下两点考虑：一是从众多的实践来看，层次分析法能较好地解决社会经济领域的一些问题；因为社会经济系统复杂多变，受主观因素影响大，很难完全用定量数学模型加以解决。二是层次分析法虽然有深刻的理论基础，但其表现形式较为简单，易于掌握。同时吸收很多有经验的学者加入到模型决策中，提高了准确性。

具体步骤是：首先确定影响各区域发展潜力的各项因素，其次利用层次分析法求出各因素的权重值，再次用各因素分值乘以权重再加总，得出各区域的总分值（即发展潜力指数），最后根据分值高低评价出各区域的发展潜力并加以分析。

确定基本指标的准确数值有两种方法，第一种，对于国家公布的省级主体功能区规划技术规程中所包含的指标，完全按照国家的计算和赋值程序进行，包括了土地资源潜力、水资源潜力、经济发展水平、交通通达性、战略选择等指标。第二种是按照宁夏实际增加的辅助指标，包括矿产资源潜力、产业发展活力、经济全球化程度、科技创新能力等指标。其中，矿产资源潜力的计算主要是通过对宁夏三种主要矿产资源煤炭、石膏、镁矿资源的赋存量进行加权处理；产业发展活力则主要通过第二、第三产业比重，各类经济开发区得分等条件复合而成；经济全球化程度则主要通过各地区进出口贸易总额得出，科技创新能力则主要通过科技人员和专利授权量两指标复合得出。

3.4 各区域发展潜力评价及等级划分

3.4.1 指标赋值及权重选择

3.4.1.1 数据来源

为保证数据的科学性、准确性、客观性，各指标的基础数据本着标准统一、来源权威、口径一致的原则，其数值测算主要依据统计局出版的各种统计资料，包括《中国统计年鉴》（2000～2007年）、《中国县（市）社会经济统计年鉴》（2006年）、《宁夏统计年鉴》（2000～2007年）和宁夏回族自治区各专业部门所印制的正式统计报告，如宁夏国土资源厅编制的国土资源报告，水利厅编制的《宁夏水资源公报》，交通厅编制的交通统计资料等。

经济发展水平和产业活力的指标来自于《宁夏统计年鉴》（2000～2007年）相关数据，战略选择中所涉及民族县、革命老区县、贫困县等，主要根据《中国县（市）社会经济统计年鉴》（2007年）所公布的名录确定。还大量提取地形图中的信息作为数据采集的重要辅助，如对于可利用土地资源，以数字地形栅格图为基础，提取生成地形高程分级图和地形坡度图，将海拔高度与坡度结合起来作为可利用土地资源的评价标准；交通通达性程度的测算，其中铁路所经过的县区主要通过地形图判读获取。

3.4.1.2　各指标权重选择

利用层次分析法的基本原理，对于同一层次中各因素关于上一层次的同一个因素的相对重要性，构造成对比较矩阵；通过计算，检验成对比较矩阵的一致性，必要时对成对比较矩阵进行修改，以达到可以接受的一致性；在符合一致性检验的前提下，计算与成对比较矩阵最大特征值相对应的特征向量，确定每个因素对上一层次该因素的权重。通过专家知识判断，对各指标权重进行测算，得出表3-2的结果，其中细化层指标权重通过一致性检验，$\lambda = 0.02 < 0.1$，符合一致性检验的条件。在基本指标层，$\lambda = 0 < 0.1$，符合一致性检验的条件。

表3-2　2006年区域发展潜力指标权重表

目标层	分解层	基本指标
区域发展潜力指数	自然资源潜力（0.19）	土地资源潜力（0.22）
		水资源潜力（0.43）
		矿产资源潜力（0.35）
	经济社会发展基础（0.39）	经济发展水平（0.6）
		产业发展活力（0.4）
	交通通达性程度（0.22）	交通可达性（1）
	战略选择（0.05）	类型区域（1）
	经济全球化程度（0.07）	进出口贸易总额（1）
	科技创新能力（0.07）	科技创新能力（1）

3.4.1.3 基本指标测算

（1）可利用水资源潜力的测算

对各区域人均可利用水资源潜力采取如下计算方法：

[人均可利用水资源潜力] = [可利用水资源潜力] / [常住人口]

[可利用水资源潜力] = [本地可开发利用水资源量] − [已开发利用水资源量] + [可开发利用入境水资源量]

[本地可开发利用水资源量] = [地表水可利用量] + [地下水可利用量]

[地表水可利用量] = [多年平均地表水资源量] − [河道生态需水量] − [不可控制的洪水量]

[地下水可利用量] = [与地表水不重复的地下水资源量] − [地下水系统生态需水量] − [无法利用的地下水量]

[已开发利用水资源量] = [农业用水量] + [工业用水量] + [生活用水量] + [生态用水量]

[入境可开发利用水资源潜力] = [现状入境水资源量] $\times \gamma$

式中，γ 为可利用水资源潜力系数。

结合宁夏实际，宁夏各县区除了地表水、地下水外，还包含了客水资源，即黄河分水。根据多年平均地下水量、多年平均地表水量，扣除重复计算量，得出当地水资源量；根据"八七分水"方案，黄河每年向宁夏分水量为 70 亿 m³，由于回流水和干旱等原因，宁夏地区实际消耗水资源数量低于这一数字；水利部门按照各县多年引、扬黄河水资源量的统计，测算出各县区可利用的客水资源量，当地水资源量与客水资源量的总和为各县区水资源总量，刨除各县区工业需水、农业需水、生活需水、生态需水后，即为各县区可利用水资源总量。确定各县区的得分后，对得分结果 100 分制标准化。其他各指标也按这一方法进行标准化。

（2）可利用土地资源潜力的测算方法

[人均可利用土地资源] = [可利用土地资源] / [常住人口]

[可利用土地资源] = [适宜建设用地面积] − [已有建设用地面积] − [基本农田面积]

[适宜建设用地面积] = （[地形坡度面积] ∩ [海拔面积]） − [所含河湖库等水域面积] − [所含林草地面积] − [所含沙漠戈壁面积]

[已有建设用地面积] = [城镇用地面积] + [农村居民点用地面积] + [独

立工矿用地面积] + [交通用地面积] + [特殊用地面积] + [水利设施建设用地面积]

[基本农田面积] = （[适宜建设用地面积] 内的耕地面积) ×β

β 为可利用土地资源系数，其取值范围为 [0.8, 1)。

结合宁夏实际，采用"2000m 以下 15°"、"2000~2500m 8°"和"2500m 以上 3°"，从数字高程模型（digital elevation model, DEM）中提取适宜开发的土地面积，计算人均可利用土地资源。

（3）经济发展水平的测算方法

[经济发展水平] =f（[人均 GDP]，[GDP 增长率]）

[人均 GDP] = [GDP] / [总人口]

[GDP] 指的是各县（区）级空间单元的地区 GDP 总量

[GDP 增长率] = （[GDP2006] / [GDP2000]）1/3−1

[GDP 增长率] 指近 6 年，各县级空间单元的地区 GDP 的增长率。

[经济发展水平] = [人均 GDP] ×k，式中，k 为 [GDP 增长强度]，根据县域单元的 GDP 增长率分级状况，按表 3-3 对应权重取值选。

表 3-3　不同情境下 k 值的赋值

项目	k				
	<5%	5%~10%	10%~20%	20%~30%	>30%
强度权系数赋值	1	1.2	1.3	1.4	1.5

（4）交通通达性程度的测算方法

[交通优势度] = [交通网络密度] + [交通干线影响度] + [区位优势度]

[交通网络密度] = [公路通车里程] / [县域面积]

[交通干线影响度] =Σ[交通干线技术水平]

交通干线技术水平的评价依据交通干线的技术–经济特征，按照专家智能的理念，采用分类赋值的方法进行评价。

[区位优势度] = [距银川市的时间距离]

计算各县公路通车里程与各县土地面积的绝对比值，设某县 i 的交通线网密度为 D_i，L_i 为 i 县域的交通线路长度，A_i 为 i 县面积，则其计算方法为

$$D_i = L_i/A_i, \quad i \in (1, 2, 3, \cdots, n) \tag{3-1}$$

交通干线则结合宁夏实际按照是否有铁路、与高速公路的距离、是否拥有机场及其类型进行赋值。

（5）战略选择的测算方法

战略选择等指标严格按照国家颁布的《省级主体功能区划分技术规程（第二稿）》的测算要求得出。对革命老区县、贫困县、少数民族县分别进行赋值，赋值方法见表3-4。

表 3-4　各种类型区战略选择赋值表

项目	民族地区	革命老区	贫困地区	边疆地区
强度权系数赋值	9	7	5	3

（6）产业发展活力的测算方法

产业发展活力由非农产业比重和功能区两项指标构成。各县区非农产业比重得分，是对实际数值进行标准化（按百分制为标准）。功能区的基础得分是根据每个县区所拥有的高新技术开发区、经济开发区的级别和数量赋值，其中国家级功能区得3分，省级功能区得2分，两个及两个以上园区得分可累加，但最高分不超过5分，对该指标也进行标准化。对两个指标进行赋权，非农产业比重权重为0.7，功能区得分赋权为0.3，两者标准化数值加权相加后得到产业发展活力得分。

（7）其他指标的测算方法

按照宁夏实际情况，考虑到数据的可获得性，自然资源潜力主要包括了宁夏三种优势资源，即煤炭资源储量、石膏矿储量、镁矿资源储量，对相应的统计数据进行标准化；按照各类资源对宁夏未来发展的作用情况和资源赋存情况，分别给煤炭资源、石膏矿、镁矿以0.85、0.1、0.05的权重。

科技创新能力主要由科技人员数量（投入）和专利授权量（产出）两项指标构成。科技人员数量和专利授权量的权重分别为0.5、0.5。

经济全球化程度主要通过各地区进出口贸易总额表征。对其标准化后直接得出该项指标的得分。

3.4.2　区域发展潜力评价

3.4.2.1　评价单元选择

按国家制定的省级主体功能区规划技术规程的基本要求，以县（市、区）为基本单元评价发展潜力，宁夏共有22个县（市、区），包括红寺堡开发区。但本研究选取了18个县（市、区）和银川市共19个单元进行统计和测算。其中，未包括红寺堡开发区，原因在于一方面红寺堡开发区属于移民开发区，经济功能仍较弱，统计资料严重不全。另一方面，仿照国家划分主体功能区时的做法，为更科学确定优化或重点开发区的范围，省会城市作为一个统计单元，其市辖区并未单列，本研究将银川市辖区也作为一个统计单元。

3.4.2.2 基本指标测算

以 2006 年为基期、以县（市、区）为基本单元对 9 项基本指标进行测算，得到结果见表 3-5。

表 3-5　各县（市、区）基本指标得分表

县（市、区）	可利用土地资源潜力	可利用水资源潜力	矿产资源潜力	经济发展水平	产业活力	交通优势度	战略选择	经济全球化程度	创新能力
中卫市沙坡头区	41	54	0	31	67	55	47	3	9
中宁县	27	55	0	25	53	69	0	0	3
永宁县	27	92	0	38	60	49	47	3	4
银川市	11	24	0	100	100	100	0	100	100
盐池县	100	22	26	11	74	14	100	0	1
西吉县	0	6	8	1	20	2	100	0	3
吴忠市利通区	27	45	100	25	62	75	0	0	7
同心县	19	0	43	4	67	29	100	2	2
石嘴山市	41	49	1	83	92	43	0	14	8
青铜峡市	44	58	0	72	61	65	47	38	4
平罗县	8	58	0	31	57	48	47	7	4
彭阳县	1	21	0	3	0	0	100	0	0
隆德县	55	26	0	0	26	22	72	0	1
灵武市	8	53	98	61	80	45	47	23	4
泾源县	1	100	0	3	27	23	72	0	0
惠农区	42	49	11	83	90	65	0	12	3
贺兰县	46	100	0	28	48	70	47	0	2
海原县	10	13	0	0	21	5	100	0	0
固原市原州区	6	24	2	8	75	21	100	0	3

3.4.2.3 复合指标测算

根据基本指标的得分及其相对于复合指标的权重,将9项基本指标按照一定的方式合并为6项复合指标,具体的计算公式为

自然资源潜力 = 0.22×可利用土地资源潜力 + 0.43×可利用水资源潜力+ 0.35×矿产资源潜力

经济社会发展基础条件=0.60×经济发展水平 + 0.40×产业活力

将各县(市、区)在复合指标上的分值进行标准化处理后得到结果见表3-6。

表3-6　2006 年各县(市、区)复合指标得分表

县(市、区)	自然资源潜力	经济社会发展基础	交通通达性程度	战略选择	经济全球化程度	科技创新能力
中卫市沙坡头区	50	44	55	47	3	9
中宁县	44	35	69	0	0	3
永宁县	73	46	49	47	3	4
银川市	14	100	100	0	100	100
盐池县	65	35	14	100	0	1
西吉县	0	7	2	100	0	3
吴忠市利通区	100	39	75	0	0	7
同心县	26	28	29	100	2	2
石嘴山市	45	86	43	0	14	8
青铜峡市	54	67	65	47	38	4
平罗县	39	40	48	47	7	4
彭阳县	7	0	0	100	0	0
隆德县	34	9	22	72	0	1
灵武市	97	68	45	47	23	4
泾源县	69	11	23	72	0	0
惠农区	53	85	65	0	12	3
贺兰县	87	35	70	47	0	2
海原县	5	7	5	100	0	0
固原市原州区	13	34	21	100	0	3

3.4.2.4 区域发展潜力指数测算

将各区域的复合指标分值分别乘以其权重并加总，即得各区域的发展潜力系数（表3-7）。评价结果表明，宁夏各地区的区域发展潜力呈现比较明显的地带差异性：区域发展潜力指数较高的县（市、区）主要集中在宁夏北部的沿黄城镇带和宁东地区，宁夏南部各县（市、区）的发展潜力普遍较小，只有固原市原州区的发展潜力稍高。

表3-7 2006年各县（市、区）发展潜力得分表

县（市、区）	区域发展潜力指数	县（市、区）	区域发展潜力指数
银川市	78.66	平罗县	37.01
灵武市	59.10	盐池县	34.24
惠农区	58.72	同心县	27.37
青铜峡市	55.93	泾源县	26.11
石嘴山市	53.28	固原市原州区	25.48
吴忠市利通区	51.24	隆德县	18.48
贺兰县	48.01	海原县	9.76
永宁县	45.63	西吉县	8.45
中卫市沙坡头区	42.15	彭阳县	6.40
中宁县	37.68	—	

3.4.3 区域发展潜力等级

遵循组内差别小、组间差别大、地域上适当集中连片、级别总量不超过四级等原则对各区域发展潜力进行等级划分，结果见表3-8。

表3-8 2006年各县（市、区）发展潜力分级表

等级	意义	得分	县（市、区）
I	区域发展潜力很大	>60	银川市
II	区域发展潜力较大	40~60	灵武市、惠农区、青铜峡市、石嘴山市、吴忠市利通区、贺兰县、永宁县、中卫市沙坡头区
III	区域发展潜力一般	30~39	中宁县、平罗县、盐池县
IV	区域发展潜力较小	<30	固原市原州区、同心县、海原县、泾源县、西吉县、隆德县、彭阳县

3.4.3.1 区域发展潜力最大的第一等级

第一等级为区域发展潜力很大的区域，目前只有银川市处于这一等级。银川市是宁夏经济发展基础最好的地区，无论是经济发展水平或是产业发展活力都遥遥领先于其他地区；同时，银川市还是宁夏交通通达性最好、经济全球化程度最高、科技创新能力最强的地区，这些因素共同决定了银川市是宁夏发展潜力最大的地区。未来有可能制约银川市发展的主要因素是自然资源潜力不足，特别是在可利用水资源潜力和可利用土地资源潜力方面，银川市均是宁夏各县（市、区）中潜力最低的地区之一。

3.4.3.2 区域发展潜力较大的第二等级

第二等级为区域发展潜力较大的区域，这类区域主要集中在沿黄城镇带和宁东地区，具体包括灵武市、惠农区、青铜峡市、石嘴山市、吴忠市利通区、贺兰县、永宁县、中卫市沙坡头区。根据各地区发展方式的差异，又可将这些地区分为综合发展型地区和资源开发型地区两大类。综合发展型地区包括惠农区、青铜峡市、石嘴山市、吴忠市利通区、中卫市沙坡头区，其基本特点是经济发展基础较好、交通通达性好，具有较高的经济全球化程度和科技创新能力，工业和服务业都是其未来发展的重要领域。需要注意的是，综合发展型地区的自然资源潜力都不高，特别是可利用土地资源潜力很低，该类地区必须提高土地利用效率，走集约发展的道路。资源开发型地区包括灵武市、贺兰县和永宁县，这些地区都具有极为丰富的矿产资源、相对充足的水资源和土地资源，未来其矿产资源开采与加工产业将获得迅速的发展。贺兰县、永宁县距离宁夏的经济核心区较近，交通便利，而且具有一定的可利用土地资源潜力和可利用水资源潜力，未来应积极寻求与银川市和石嘴山市的经济合作，充分借助周边的经济强市和国家的战略扶持带动自身的经济发展。

3.4.3.3 区域发展潜力一般的第三等级

第三等级为区域发展潜力一般的区域，中宁县、平罗县、盐池县。这些地区的经济发展基础都处于中等水平，但其主要的区域发展潜力却不尽相同。中宁县与宁夏的经济核心区相距较远，未来的区域发展潜力在于利用充足的水资源、便利的铁路交通和较强的创新能力发展当地特色产业。

3.4.3.4 区域发展潜力较小的第四等级

第四等级为区域发展潜力较小的区域,具体包括固原市原州区、同心县、海原县、泾源县、西吉县、隆德县、彭阳县,全部位于宁夏南部。固原市原州区是宁夏南部的区域性中心城市,虽然地理位置较为偏远,但土地资源和水资源均十分丰富,随着国家对宁夏南部地区经济发展的战略扶持力度不断加大,固原市原州区将作为宁夏南部的经济增长极获得率先发展。其余地区自然地理条件较差,经济发展基础很差,交通条件不好,缺乏矿产资源,周边也没有较强的中心城市可以辐射带动这些地区的发展,因而发展潜力不大,迫切需要国家的战略扶持。

3.5 2010 年各区域发展潜力评价及等级划分

3.5.1 指标赋值及权重选择

3.5.1.1 各因素变化

各地区经过"十一五"时期的发展,区域发展基础条件发生较大变化,各区域潜力及其等级发生相应变化。为了使研究更加科学、可靠,本研究根据自治区"十一五"规划纲要和近年来各工程建设的实际情况,到 2010 年,以下因素的变化会对区域发展潜力的等级产生影响,其他各因素的变化尽管也会影响到区域发展潜力,但对各区域发展潜力等级的影响不大。

(1) 可利用土地资源的变化

各地可利用土地资源基本都会出现减少的情况,但以沿黄城市带及宁东部分地区由于大规模工业建设可利用土地资源减少的最快,对宁东地区先期开发的灵武市和盐池县两县市可利用土地资源潜力下调一个等级,对银川市、石嘴山市、中卫市、固原市等沿黄城市主城区可利用土地潜力下调(市区标准化数值下调 5),其余未做调整。

(2) 可利用矿产资源潜力的变化

可利用矿产资源潜力方面,随着宁东能源基地建设其绝对优势可能会下降,但考虑到矿藏储量仍在进一步勘探中,而且其绝对量基数大,相对各县的比较优势不会出现明显变化,因此并未进行等级调整,但考虑到惠农区矿产资源类型较为单一，且优势矿种煤炭的储量优势并不十分明显，其可利用矿产资源潜力远期评价时下调。

（3）经济发展水平的变化

到 2010 年，各地区经济发展水平发生较大变化，地区经济发展差距进一步拉动，报告采取了以下计算公式，测算 2010 年各县区经济发展水平，即 2010 年经济发展水平指数［EDI（10）］等于 2006 年经济发展水平指数［EDI（06）］与 2006 年发展潜力指数［PI（10）］的乘积的平方根。

（4）交通优势度的变化

各地区交通优势度的调整也较大，宁东、宁南地区的交通情况得到较为明显改善。改变交通格局的一些重大工程主要有：①铁路方面主要包括建成太中银铁路、东乌铁路经乌海至宁东工程、地方铁路大古铁路扩能改造工程、新建宁东能源化工基地 7 条厂矿铁路专用线；②公路方面主要包括福州至银川公路同心经固原至沿川子段、青岛至银川公路定边至武威联络线中宁至孟家湾段、盐池至中宁段高速公路；③航空方面主要是宁夏河东机场扩建和固原支线机场建成。将这些工程建设引起的各地铁路得分、航空得分及与银川市的时间距离得分变化纳入到交通优势度的计算中。

（5）其他因素的变化

随着地缘经济的发展，部分民族地区的经济全球化程度进一步提升，报告将典型民族地区的经济全球化程度上调一个等级，其余未变。

未来随着黄河大柳树水利枢纽工程的建设，会极大降低中部地区及沿黄地区的用水成本，促进地区发展步伐；而且远景看来，宁夏正在开展的水权置换也是提高可利用水资源潜力的重要方法，通过水资源在不同产业之间的流转，可以极大提高用水效率，提高水资源潜力。但由于定量困难，而且对于各县（市、区）可利用水资源潜力的等级变化影响不大，故没有考虑。

3.5.1.2 指标权重变化

到 2010 年左右，各种因素对于区域发展潜力的作用发生变化。包括自然资源潜力、经济社会发展基础、交通优势度的等影响将出现下降，而经济全球化程度、创新能力等对区域发展潜力的影响则会不同程度的增强。就自然资源潜力条件来看，水、土资源对区域发展的影响作用增大，而矿产资源的作用则相对下降。根据专家知识，利用层次分析法计算出 2010 年各指标的权重见表 3-9。

表 3-9　2010 年区域发展潜力指标权重表

目标层	分解层	基本指标
区域发展潜力指数	自然资源潜力 (0.18)	可利用水资源潜力 (0.44)
		可利用矿产资源潜力 (0.34)
		可利用土地资源潜力 (0.22)
	经济社会发展基础 (0.38)	经济发展水平 (0.6)
		产业发展活力 (0.4)
	交通通达性程度 (0.21)	交通可达性 (1)
	战略选择 (0.05)	类型区域 (1)
	经济全球化程度 (0.08)	进出口贸易总额 (1)
	科技创新能力 (0.1)	科技创新能力 (1)

3.5.2　区域发展潜力评价

3.5.2.1　基本指标测算

远期区域发展潜力的测算仍采用层次分析法，其中的数值确定主要依托该指标在 2006 年的得分，以及对其变化的预测得出，其中标准化和计算过程与计算 2006 年潜力数值一致，计算结果见表 3-10。

表 3-10　2010 年各县（市、区）基本指标得分表

县（市、区）	可利用土地资源潜力	可利用水资源潜力	可利用矿产资源潜力	经济发展水平	产业活力	交通优势度	战略选择	经济全球化程度	创新能力
中卫市沙坡头区	36	54	0	37	67	54	47	13	9
中宁县	27	55	0	33	53	68	0	0	3
永宁县	27	92	0	39	60	48	47	13	4
银川市	6	24	0	100	100	100	0	100	100
盐池县	100	22	26	23	74	30	100	10	1
西吉县	0	6	8	0	20	0	100	10	3
吴忠市利通区	22	45	100	41	62	74	0	0	7

续表

县（市、区）	可利用土地资源潜力	可利用水资源潜力	可利用矿产资源潜力	经济发展水平	产业活力	交通优势度	战略选择	经济全球化程度	创新能力
同心县	19	0	43	13	67	27	100	12	2
石嘴山市	36	49	1	67	92	42	0	14	8
青铜峡市	44	58	0	66	61	64	47	48	4
平罗县	8	58	0	27	57	47	47	17	4
彭阳县	1	21	0	3	0	3	100	10	0
隆德县	55	26	0	3	26	20	72	10	1
灵武市	8	53	98	65	80	43	47	33	4
泾源县	1	100	0	8	27	26	72	10	0
惠农区	37	49	11	68	90	64	0	12	3
贺兰县	46	100	0	31	48	69	47	10	2
海原县	10	13	0	0	21	3	100	10	0
固原市原州区	6	24	2	17	75	37	100	11	3

3.5.2.2　复合指标测算

对各地区复合指标进行测算，得分情况见表3-11。

表3-11　2010年各县（市、区）复合指标得分表

县（市、区）	自然资源潜力	经济社会发展基础	交通通达性程度	战略选择	经济全球化程度	科技创新能力
中卫市沙坡头区	50	48	54	47	13	9
中宁县	47	40	68	0	0	3
永宁县	77	46	48	47	13	4
银川市	13	100	100	0	100	100
盐池县	66	43	30	100	10	1
西吉县	0	7	0	100	10	3
吴忠市利通区	100	49	74	0	0	7
同心县	26	33	27	100	12	2
石嘴山市	46	77	42	0	14	8

续表

县（市、区）	自然资源潜力	经济社会发展基础	交通通达性程度	战略选择	经济全球化程度	科技创新能力
青铜峡市	57	63	64	47	48	4
平罗县	41	38	47	47	17	4
彭阳县	8	0	3	100	10	0
隆德县	35	11	20	72	10	1
灵武市	100	70	43	47	33	4
泾源县	73	14	26	72	10	0
惠农区	53	77	64	0	12	3
贺兰县	92	37	69	47	10	2
海原县	5	7	3	100	10	0
固原市原州区	13	39	37	100	11	3

3.5.2.3 区域发展潜力指数测算

将各区域的复合指标分值分别乘以其权重并加总，即得各区域发展潜力系数。计算公式为 $F_{总} = \sum W_j \times F_{ij}$，$W_j$ 为第 j 个复合指标的权重；F_{ij} 为县（市、区）i 第 j 个复合指标的分值。各地区发展潜力得分情况见表3-12。

表3-12 2010年各县（市、区）发展潜力得分表

县（市、区）	发展潜力指数	县（市、区）	发展潜力指数
银川市	79	中宁县	38
灵武市	59	平罗县	36
青铜峡市	54	固原市原州区	31
惠农区	53	同心县	29
吴忠市利通区	53	泾源县	28
贺兰县	48	隆德县	19
石嘴山市	48	海原县	10
永宁县	45	西吉县	9
中卫市沙坡头区	43	彭阳县	8
盐池县	40	—	

3.5.3 区域发展潜力等级

遵循保持连续性、组内差别小、组间差别大、地域上适当集中连片、级别总量不超过四级等原则对各区域发展潜力进行等级划分，其结果如下。

3.5.3.1 区域发展潜力等级划分

如表3-13所示，将宁夏各区域发展潜力分为四级，其中①区域发展潜力很大的第一等级包括银川市；②区域发展潜力较大的第二等级包括灵武市、青铜峡市、惠农区、吴忠市利通区、贺兰县、石嘴山市、永宁县、中卫城区，都是沿黄地区和宁东能源重化工基地的县（市、区）；③区域发展潜力一般的第三等级包括盐池县、中宁县、固原市原州区、平罗县，主要是沿黄地区的农业县和南部固原市区，以及宁东地区的盐池县；④区域发展潜力较小的第四等级包括同心县、西吉县、泾源县、海原县、隆德县、彭阳县，全是南部山区县，自然条件恶劣，经济发展水平较差，交通相对不便。

表3-13　2010年各县（市、区）发展潜力分级表

等级	意义	得分	县（市、区）
I	发展潜力很大	>60	银川市
II	发展潜力较大	41～60	灵武市、青铜峡市、惠农区、吴忠市利通区、贺兰县、石嘴山市、永宁县、中卫城区
III	发展潜力一般	30～40	盐池县、中宁县、固原市原州区、平罗县
IV	发展潜力较小	≤30	同心县、西吉县、泾源县、海原县、隆德县、彭阳县

3.5.3.2 区域发展潜力等级变化

总体看来，宁夏各区域发展潜力的等级相对稳定，银川市作为发展潜力最大的地区仍保持原有地位，而宁东能源化工基地（包括灵武市、盐池县和同心县），以及包括吴忠市、青铜峡市、惠农区、石嘴山市、中宁县、中卫市城区在内的沿黄地区发展潜力大，沿黄河的部分县发展潜力一般；而南部地区除固原市原州区外，其他区域发展潜力一般或较小。与2006年各区域发展潜力的等级相比，各地区区域发展潜力之间的差距有所缩小，主要受到南部地区交通条件改善的影响，一定程度上均衡了南北部地区发展差距；而且随着经济全球化的深入，南部民族县特色产品由于地缘经济的作用，更容易融入国际生产链条。这些因素

对于南部地区的发展作用较大。就各潜力等级内部来看，第Ⅲ等级变化最为突出，固原市原州区由第Ⅳ等级上升到第Ⅲ等级，主要原因是作为南部地区的核心城市、民族地区城市得到较多的战略倾斜，区域发展潜力上升。第Ⅱ等级内，沿黄地区的青铜峡市、惠农区、石嘴山市发展潜力都有所提升。

3.6 重要地区区域发展潜力评价

沿黄城市带和宁东能源化工基地是未来支撑宁夏全区人口和产业集聚的主要地区，是引领宁夏实现跨越式发展、全面建设小康社会的核心地区。构建沿黄城市带是承接沿海发达地区产业转移、参与国内外市场竞争、推动改革开放进程的门户地区。开发建设宁东能源化工基地是促进资源优势向产业优势和经济优势转换、提升区域综合实力和自生能力、再造一个新宁夏的战略支撑地区。对这两个地区进行区域发展潜力评价将有助于从区域视角出发，根据不同地区的区域资源环境承载能力、现有开发强度和区域发展潜力，统筹安排人口分布、经济布局、土地利用和城镇化格局，明确不同地区的开发方向、开发强度和开发秩序，逐步形成人口经济和资源环境相协调的空间开发格局。

3.6.1 沿黄城市带发展潜力评价

沿黄城市带建设是宁夏回族自治区第十次党代会上提出的实现全区跨越式发展的一项新举措，是由单个城市发展向城市群整体发展转变的新思路。沿黄城市带是以黄河中上游引黄灌区为依托，以银川市为中心，石嘴山、吴忠、中卫 3 个地级市和青铜峡、灵武、中宁、永宁、贺兰、平罗县城及若干建制镇为基础，大中小城市相结合的沿黄河带状分布的城镇集合体。

3.6.1.1 中心城市吸引范围

沿黄城市带的范围在自然地理单元上是比较容易界定的，这可以根据黄河流经的县、市、镇确定。但沿黄城市带作为一个有机联系的城镇集合体，应主要从各城镇经济社会联系程度，特别是与中心城市——银川市的经济社会联系程度进行界定，据此本研究采用了断裂点模型和重力模型。

（1）断裂点模型

断裂点模型是计算城市吸引范围常用的模型。根据两个城市间的吸引范围的划分，实际上是寻找与两个城市的联系份额相等的那个平衡点的位置。要划定银川市腹地范围，必须确定与相邻的省会城市之间吸引范围的分界线。根据断裂点公式计算，从城市综合实力吸引范围来看，计算结果显示，银川市的吸引范围，从东北、西南、东南 3 个方向的空间距离分别为 202km（银川—包头）、167km（银川—兰州）和 249km（银川—西安）。

如图 3-2 所示，从行政范围看，银川市的吸引范围向西南和东南方向到固原市、海原县、同心县，但是不包括西吉县、彭阳县、隆德县、泾源县。陕西的定边县、吴起县和甘肃的环县也在银川市的影响范围内，向东北方向的影响范围则到达内蒙古磴口县、鄂托克前旗、鄂托克旗。从经济、社会、环境分项的吸引范围看，往包头方向银川市的最大吸引距离是社会吸引距离，为 210km，最小为环境吸引范围，但是所有吸引距离均超过包银之间的平均距离，说明银川市处于相对优势地位；往兰州方向最小距离是经济吸引范围，说明从经济实力上看，银川市处于兰州下风，但是银川市的社会吸引距离和环境吸引距离均大于兰银之间的平均距离，说明银川市的社会基础条件和人均环境条件均优于兰州。往西安方向是环境吸引距离最大，经济吸引距离最小。从吸引距离上也可以看出，银川的人居环境和西安处于大致相当的地位。

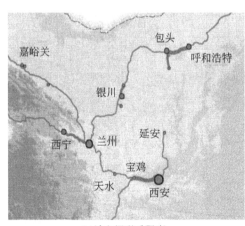

(a)城市间联系强度　　　　　　　　　　(b)城市直接吸引范围

图 3-2　银川市周边区域城市间联系强度、城市直接吸引范围图示

(2) 重力模型

作为近邻中心城市的地域，他们的主要联系方向是比较明确的，而中心城市和周围同级城市间的中间地带，由于受到不同中心城市的辐射和吸引作用，其空间联系的主要方向需要通过细致的分析来确定。为此，我们选取重力模型计算银川市、西安市、包头市、兰州市这四个中心城市对他们之间县（市、区）的吸

引强度，从而根据县（市、区）受吸引强度的相对大小，进行中心城市吸引范围的划分。

考虑到我国现行的统计口径，除了地级市以上城市采用城区数据外，其他城镇的指标用县（市、区）值来代替。在计算中采用 GDP 和人口两个经济指标，为了消除指标的量纲性，便于比较计算结果，需要对指标进行标准化处理。中心距离为城市中心与邻近县（市、区）行政中心的公路距离。由于只需要反映各个县市受不同城市吸引力的相对大小，所以 k 的取值不影响判断，为了便于比较，这里取 1。不同城市对不同县市的吸引强度见表 3-14。从计算结果可以明显看出，在人口规模和经济总量上，银川市的空间吸引范围主要体现在向包头方向，内蒙古的阿拉善左旗、鄂托克旗均受银川市的影响；而在沿兰州和西安方向，银川市受到他们的挤压较大。

表3-14　银川市、包头市、兰州市、西安市对不同县（市、区）的吸引强度（2006 年）

银川市和包头市对不同县（市、区）的吸引强度			银川市和兰州市对不同县（市、区）的吸引强度			银川市和西安市对不同县（市、区）的吸引强度		
县（市、区）	银川市	包头市	县（市、区）	银川市	兰州市	县（市、区）	银川市	西安市
永宁县	2.455	0.213	青铜峡市	1.020	0.545	盐池县	0.326	0.489
贺兰县	3.788	0.194	中卫市沙坡头区	0.480	0.747	固原县	0.307	1.861
石嘴山市	1.191	0.513	中宁县	0.554	0.618	海原县	0.280	0.930
平罗县	1.075	0.291	灵武市	1.314	0.447	西吉县	0.255	1.351
惠农区	0.172	0.096	同心县	0.366	0.670	隆德县	0.109	0.799
乌海市	0.770	0.688	固原县	0.307	1.112	泾源县	0.040	0.297
阿拉善左旗	0.330	0.139	海原县	0.280	0.912	彭阳县	0.130	0.920
鄂托克前旗	0.195	0.091	西吉县	0.255	1.182	静宁县	0.215	1.588
鄂托克旗	0.114	0.214	隆德县	0.109	0.424	环县	0.259	1.002
磴口县	0.130	0.226	泾源县	0.040	0.135	庆阳县	0.237	1.539
临河市	0.332	0.930	彭阳县	0.130	0.361			
			靖远县	0.285	1.953			
			环县	0.259	0.531			
			庆阳县	0.237	0.503			

（3）银川市吸引范围

根据断裂点公式、采用综合发展能力作为指标计算的银川市在不同方向上的吸引距离，再结合重力模型计算的银川市对周边县市的吸引强度，综合得出银川市的吸引力范围如表3-15所示。

表3-15　银川市吸引范围

吸引强度值	范围
8～20	磴口县、鄂托克旗、鄂托克前旗、吴旗
21～37	阿拉善左旗、惠农区、盐池县、环县、定边县、同心县、红寺堡区、海原县、固原市
38～77	乌海市、中卫市、中宁县
78～131	平罗县、青铜峡市、灵武市、大武口区
132～379	贺兰县、西夏区、金凤区、永宁县、兴庆区、吴忠市利通区

3.6.1.2　战略地位分析

对于西部欠发达地区，未来主体功能区规划和建设仍将遵循"以线串点，以点带面"的区域开发模式，选择发展基础和发展条件比较好的城市与地带（区）优先重点开发，是带动西部经济社会整体繁荣、促进资源有序开发和实现生态环境保护的重要措施。在西部国土空间结构组织中，银川是一级开发轴西陇海兰新线上的重要节点城市，沿黄城市带是沟通呼包鄂城市群和兰州—白银城市群的隆起地带，以银川市为核心的沿黄城市带将在全自治区乃至西部主体功能区规划中具有重要的战略地位和发展潜力。

根据中心城市吸引范围和各县（市、区）发展潜力的评价，以县（市、区）为单位统计，沿黄城市带包括13个县（市、区）[①]。2006年末，其土地面积为2.83万km²，人口为344.57万，分别占宁夏全区总量的42.8%和57.4%。创造的GDP为625.60亿元，占全区GDP的88.0%；城镇固定资产投资额为375.29亿元，占全区城镇固定资产投资总额的82.4%；社会商品零售总额为172.96亿元，占全区社会商品零售总额的86.9%。由此可见，沿黄城市带在宁夏回族自治区经济社会发展中的地位极其重要。

参与国内竞争和带动全区发展的龙头。未来区域之间的竞争越来越走向都市圈之间的竞争，构建以银川市为核心的沿黄城市带是提升宁夏全区竞争力、参与全国乃至全球竞争的门户和窗口。

扩大对外开放和承接产业转移的平台。2006年沿黄城市带进出口贸易总额

---

① 银川市的兴庆区、金凤区、西夏区、灵武市、永宁县和贺兰县；石嘴山市的大武口区、惠农区和平罗县；吴忠市的利通区、青铜峡市；中卫市的沙坡头区和中宁县。

为13.26亿美元，占宁夏全区进出口贸易总额的92.3%，是宁夏对外开放的主战场。2006年沿黄城市带已形成能源化工、新材料、特色农业、商贸、旅游、金融等产业门类，综合配套和服务能力强，具有承接东部发达地区产业转移的良好条件和经济基础。

凝聚人才技术和实现自主创新的高地。沿黄城市带是宁夏高科技人才最密集的地区，也是各种大学、科研院所、企业研发中心的聚集地，具有自主研发和引进消化吸收再创新的环境和氛围，是全区率先转变经济增长方式、提升产业层次和技术水平、实现现代化的先行地区。

3.6.1.3 发展潜力评价

沿黄城市带是宁夏水土光热组合条件最好，区位最优势，资源最富集，产业基础最雄厚的地带，也是宁夏发展潜力最大的地区之一。

自然资源富集。沿黄城市带地处黄河中上游，地势平坦，形成了广阔的河套地带和较大的自流灌溉面积，土地肥沃，光照充足，是宁夏农业经济的精华地区。矿产资源丰富，尤其是煤炭资源富集。煤、水组合优势为发展煤电、化工和新材料等优势产业提供了有利条件。

产业基础雄厚。随着沿黄各城市新型工业化和农业产业化进程加快，初步形成了煤炭、电力、冶金、化工、建材、机械、轻纺、新材料、生物制药和特色农产品等具有现代化水平和区域特色的产业带。旅游、房地产、商贸流通、餐饮娱乐、金融保险、信息咨询等传统和现代服务业日趋繁荣。

城市化基础好。宁夏全区80%以上的城市分布在黄河两岸，城市布局相对密集，是周边500km范围内最大的城市带。城市间分工日益明确，如银川的高新技术产业、能源化工产业、房地产业和现代服务业，石嘴山的高载能产业、新材料工业，吴忠的农副产品加工业、清真食品加工业，各自优势突出，互补性强。城市化进程的加快，促进了农村人口向城市集聚和劳动力向第二、第三产业转移，推进了城乡一体化和区域协调发展。

基础设施领先。包兰铁路和中宝（宝鸡市—中卫市）铁路贯通沿黄各城市，太中铁路打通了宁夏东线铁路运输，形成"大十字"运输网络。石中营高速公路和沿山公路贯穿沿黄城市带。银川河东机场开通与北京、上海、广州等14个大城市的进出港航班。沿黄城市带内已形成铁路、公路、航空相交织的立体运输网络和以银川市为中心的1.5h通达沿黄各城市的内部交通网络。

地方特色突出。银川市拥有丰富的历史底蕴和独特的文化资源，具有居住创业和旅游观光等多种功能。石嘴山有全国著名的沙湖景区，发展煤炭、电力等能源工业和钽粉、钽丝等新材料工业，具有建设山水园林城市和新型工业化城市的潜力。吴忠发展以粮食、清真牛羊肉、乳制品、果品和蔬菜为主的农业产业化及农产品深加工的条件十分有利，铝业已形成较大规模，树脂、淀粉产业正在迅速崛起。

3.6.1.4 发展引导措施

未来沿黄城市带的发展应按照全国主体功能区规划，以科学发展观为指导，按照"规划共绘、设施共建、产业共树、资源共享、生态共保、优势共创"的方针，大力实施区域中心城市带动战略，整合区域资源和经济优势，逐步实现沿黄城市带基础设施、产业布局、城乡建设、环境保护、资源开发利用、通信网络一体化，彰显沿黄城市带的整体优势，形成分工合理、密切协作、错位发展、竞争有序的产业集群，着力构建沿黄河、沿包兰和中太铁路的工业走廊和都市经济圈，率先在全区实现全面建设小康社会的战略目标，使沿黄城市带成为全区对外开放、招商引资的战略平台，成为西部地区乃至全国重要的能源化工基地、新材料基地、特色农业产业基地和区域金融中心、商贸物流中心和文化旅游中心，成为宁夏经济发展的重要增长极。

在沿黄城市带的发展中，银川要充分发挥潜在优势，成为推动沿黄城市带发展的龙头，成为区域城镇体系、就业体系、交通物流体系的核心，成为区域内最重要的特色产业中心、服务业中心、旅游中心、文化中心，成为西北地区最适宜人居和创业的现代化区域中心城市。做大做强银川市，拓展城市发展空间，积极稳妥地开展撤县设区工作。壮大都市圈的空间和人口规模，强化整体功能，大幅度提升吸引力和辐射力，城镇人口达到 100 万以上，跨入特大城市行列。创新经济及投资环境，调整优化产业结构，重点发展具有比较优势的石油天然气化工及能源化工、生物医药、绿色清真食品、机电一体化和新材料等优势特色产业，大力发展商贸流通、房地产、旅游产业以及金融、信息、教育等现代服务业；加大城市园林绿化、湖泊湿地保护和环境综合治理力度，改善和提升人居环境质量，争创国家园林城市；树立城市建设的精品意识，突出地方特色和时代气息，沿承历史文脉，成为全区乃至西北地区投资环境、创业环境和人居环境俱佳的现代化区域中心城市。

石嘴山市要建设山水园林新型工业化城市，形成以新材料、煤电一体化、特色冶金与加工、电子元器件和农副产品加工为主的产业竞争优势。促进城市内部产业的合理布局与调整及资源优化配置，扭转轻重工业失衡状态。促进体育文化、科技教育等基础设施建设和劳动就业、医疗保险等社会保障体系建设，促进"三废"集中治理和生态环境统一建设，提高城市化率和城市化质量。加强与乌海、阿拉善盟等地区的联系，建立跨行政区的劳动分工和协作。到 2020 年力争城镇人口规模达到 55 万，进入大城市行列，建成西北地区重要的能源、新材料研究、生产基地和宁、内蒙古接壤地区具有较强辐射吸引力的园林化中心城市。

吴忠市要立足资源环境优势，建设滨河生态城市。大力发展能源、冶金、化工、机械、仪表工业和绿色农业、农副产品加工业、清真食品加工业，成为国家商品粮生产基地和区域中心城市的"米袋子""奶瓶子""菜篮子""肉案子""鱼篓子"。加快经济结构调整和市政基础设施建设，在巩固传统农产品加工业的基础上，集中力量发展能源、冶金、鲜奶、医药和特色酒的生产加工等产业，增强城市的整体实力。加快吴忠市利通区和青铜峡市的一体化建设步伐，力争到 2020 年市区城镇人口达到大城市规模。注意城市周围地域的绿色生态建设，切实保护好耕地并利用农田、水系和湖泊湿地形成永久性绿色开敞空间和生态保护区，突出"塞上江南"的独特风光。

中卫市是沿黄城市带铁路交通枢纽，重要的酿酒、建筑材料、机械制造、农副产品加工基地，西北重要的禽蛋生产基地、全区无公害设施蔬菜基地和中国枸杞之乡，依托沙坡头国家 4A 级景区，建设生态旅游文化城市，发挥其产业的集聚和扩散功能。加快中卫与中宁的一体化发展，带动同心、海原和内蒙古、甘肃毗邻地区的社会经济发展。限制造纸等高耗水、重污染型企业布局。

重点建设青铜峡、灵武等小城市。青铜峡要加快与吴忠市利通区的一体化进程。灵武是自治区重要的煤炭生产基地，以发展能源化工、羊绒加工、农副产品加工和商贸旅游业为主的城市。

3.6.2 宁东能源化工基地发展潜力评价

从产业结构特征和经济发展水平看，2006 年宁夏全区正处于由工业化初期向工业化中期过渡的适度重型化阶段，以煤电、有色金属冶炼、建筑材料为代表的资源型产业的大规模开发是现阶段经济发展的必然趋势。

3.6.2.1 区域范围

根据《宁东能源化工基地开发总体规划》（2003—2020 年），宁东能源化工基地规划区面积约为 3484km²。东以鸳鸯湖、马家滩、萌城矿区的边界为限；西接白芨滩东界，延伸到积家井、韦州矿区和萌城矿区的最南端沿省界的连接线；北邻内蒙古自治区鄂托克前旗。东西宽 13～41km，南北长 127km。范围涉及灵武市、盐池县、同心县、红寺堡开发区 4 个县（市、区），涵盖了灵武市临河镇、宁东镇、马家滩镇、白土岗乡，盐池县惠安堡镇、冯记沟乡，同心县韦州镇、下马关镇，红寺堡开发区太阳山镇9个乡镇的部分地区。2005年末，宁东能源化工基地原煤产量为1200万t，电力装机容量为60万kW，冶镁白云岩产量为4万t，金属镁产量为5000t。

重点开发工业开发园区和为工业发展提供配套服务与人口集聚的重点镇，主要是临河综合项目区、煤化工园区、灵州综合项目区和宁东镇。面积约为108.52km²。资源开采区作为限制开发区予以保留，后方服务基地作为远期的拓展区考虑。

3.6.2.2 战略地位和发展潜力

进入21世纪，宁夏回族自治区党委和政府着力实施工业强区战略，将宁东能源化工基地确定为自治区经济社会发展的"一号工程"。宁东能源化工基地是国家开发建设的大型煤炭基地、煤化工产业基地和西电东送的火电基地之一，是全国能源基地的重要组成部分，不仅对国家能源安全具有重要贡献，而且对宁夏实现跨越式发展和全面建设小康社会目标具有重大意义。

（1）战略地位

实现工业强区战略的关键地区。宁东地区是宁夏煤、水、土等资源的核心地带和富集区，宁东煤、电力、化工和新材料四大产业的规划建设是宁夏实现工业强区的关键所在。

有效解决三农问题的途径。宁东能源化工基地建设将极大提高宁夏的经济实力和财政水平，可以有效地扶持农业产业化。推进扶贫开发和农村富余劳动力转移，实现工业反哺农业，并有效解决三农和扶贫问题。

提升中心城市辐射带动力。宁东能源化工基地建设需要提供科技、教育、商贸、金融、物流、咨询及生活等综合服务，将为银川及沿黄城市带拓展和提高服务业领域和水平提供巨大的市场空间。银川市作为区域性中心城市的辐射功能将不断增强，从而在全区范围内形成"工业向宁东集中，人口向沿黄城市带集中"的空间开发格局。

促进人口资源环境相协调。宁夏是我国西部重要的生态屏障区之一，宁东是这一屏障的重要组成部分。宁东将按照"地下采煤，地面生态"的模式，遵循循环经济的理念开发建设，将成为西部乃至全国资源节约型和环境友好型社会建设的示范区之一。

（2）发展潜力

矿产资源富集。宁夏是全国富煤省区，全区含煤面积为1.17万km²。预测资源量为2027亿t，已探明资源量为315亿t，均居全国省区第六位。其中，宁东煤田含煤面积约为 2000km², 已探明煤炭储量约为 273 亿 t, 占宁夏煤炭探明资源量的 87%, 远景预测资源量为 1394 亿 t。此外, 宁东白云岩预测资源量为 17.9 亿 t, 其中冶镁白云岩资源储量为 1269 万 t, 氧化镁含量达 21%。石灰岩预测资源量为 49.2 亿 t, 其中探明储量为 2094 万 t。资源富集有利于形成煤电、化工、建材等产业, 促进资源优势向产业优势和经济优势转换。

水土资源充沛。宁东能源化工基地距离黄河约 30km, 用水条件好。根据 1987 年国务院批准的黄河水量分配方案, 宁夏多年平均可利用水资源总量为 70 亿 m³。通过采取农业节水的水权置换方式, 完全可以满足宁东能源化工基地的用水需求。宁东位于毛乌素沙漠西南外缘, 大部分地区为沙荒地和荒漠草原, 是不适宜开发的未利用土地, 不占用耕地。区内人口稀少, 基本无移民搬迁, 土地开发成本低。

交通潜力较大。该地区是我国西气东输、西电东送、煤化工产品东运的重要枢纽地带, 包兰电气化铁路、宝中电气化铁路在西部地区、南部地区穿过, 太中 (银) 铁路银川联络线在北部地区通过, 正线从南部地区通过。规划区内已建成大古地方铁路, 各工业园区铁路专用线通过大古铁路支线与包兰线和太中 (银) 线连通。主要公路有青银高速公路、银古辅路、国道 307 和国道 211 等, 已经形成对内对外联系便捷的综合交通网络。

环境尚有容量。位于广袤的沙荒地带, 具有自然消释排放物的环境容量。2006 年除二氧化硫外, 宁夏全区的化学需氧量、氨氮、烟尘、工业粉尘和工业固体废弃物的排放量全部控制在国家指标内, 仅为国家指标的 50% ~ 70%。

3.6.2.3 发展引导

宁东能源化工基地建设要以邓小平理论和 "三个代表" 重要思想为引导, 以科学发展观为统领, 以资源深度高效开发为主线, 以保护生态环境为前提, 以科技进步为动力, 坚持走新型工业化道路, 大力发展循环经济, 统筹人口经济和资源环境协调发展, 优化产业布局, 将宁东能源化工基地建设成为全国一流的能源化工基地, 全国循环经济与资源综合高效利用示范区, 带动宁夏跨越式发展与实现全面建设小康社会目标的重点地区。

1) 建设国家大型煤炭基地。采用高新技术和先进适用技术加快高产高效矿井建设, 严禁 "大矿小开" 和 "整矿零开", 提高煤矿装备现代化、系统自动化和管理信息化水平, 推动煤炭工业科技进步; 加快运煤通道建设, 提高煤炭运输能力; 加大煤炭资源勘探力度, 积极开展周边地区的资源勘查工作; 依法开展环境影响评价, 环境保护设施与主体工程要严格实行建设项目 "三同时" (同时设计、同时施工、同时使用）制度，加强矿区生态环境和水资源保护及采煤沉陷区治理；加强"国家监察、地方监管、企业负责"的煤矿安全工作体系建设，进一步落实安全生产责任制。

2）建设国家西电东送大型煤电基地。依托煤田建设大型坑口电厂，近期单机以60万～90万kW为主，远期考虑90万kW以上机组。采用超临界和超超临界空冷机组；建设结构合理、技术先进、安全可靠、运行灵活、标准统一、经济高效的坚强电网，形成750kV主干环网和330kV输电网架结构，同步建设与主网协调发展的110kV及以下配电网；电场建设必须同步采用烟气脱硫、空冷和污废水循环利用等技术，研究和应用烟气脱氮技术，确保全区污染物排放总量控制在国家下达的指标以内；充分利用自然凹地，集中建立临时灰渣场及脱硫石膏场，减少环境影响和节约用地，并为综合利用创造条件；鼓励政府推动、市场引导相结合的原则，稳步发展风电场。

3）建设国家重要的煤化工基地。建设煤化工南北两大中心，北部主要建设煤制烯烃、煤制油、煤制二甲醚、煤制化肥、煤制甲醇等产品，同时发展下游精细化工产品，积极发展资源综合利用项目。南部主要发展煤气化、煤焦化及下游产品；采用国内外先进工艺装置，以市场为导向，建设具有规模效益的大型煤化工项目，延长煤化工产业链，提高产品附加值和经济效益，鼓励发展煤化工-精细化工等产业之间的多联产、深加工项目；注重资源节约，特别是要十分注重水资源的节约和高效利用，提高资源开发利用效率；加强对污水、尾气、残渣等废物及余热的综合利用和集中治理，减少污染物排放；鼓励大型煤炭企业与化工、冶金、建材、交通运输企业联营，促进能源及相关产业布局的优化和煤炭产业与下游产业协调发展。

4）建设新材料基地和生态友好示范区。依托南部山区青龙山丰富优质的冶镁白云岩资源，充分利用焦炉气冶镁，重点发展高技术镁合金系列产品，建设新材料基地。以镇区、工业园区和水库库区绿化工程为抓手，结合公路、铁路和输水管线等两侧防护林建设，电厂、矿井井口、广场绿化工程，以及围栏封育和治沙工程，把宁东建设成为全国生态环境友好示范区。

3.6.3 沿黄城市带、宁东能源化工基地功能分工

沿黄城市带、宁东能源化工基地是宁夏未来经济发展的重要支撑区域，从宁夏分区域发展潜力评价结果来看，两地区是自治区内是发展潜力最大的地区。科学定位这两个地区，促使其发展中相互协调相互支撑，最终实现一体发展，这是自治区主体功能区规划要解决的重大问题。

1）沿黄城市带是自治区人口集聚、城市发展的主要基地，宁东能源化工基地是自治区经济增长点。国内外经验表明，即使大型资源地基础上集聚人口形成资源型城市，这些城市往往也难以实现可持续发展，较为合理的方式是采取人口与产业空间分离的态势，即采取"资源地发展产业、但不集聚人口"的方式。

沿黄城市带自然条件交好、基础设施完善、城市发育齐备，全区 80% 以上的城市分布在黄河两岸，城市体系较为齐备，包括了功能层次不同的大中小城市，是自治区人口、城市的主要集聚区。

宁东地区具有雄厚的资源基础，一些大型的煤炭开采、煤炭电力、煤炭化工项目正在投资建设，投资额和产出量巨大，比一般的工业项目甚至部分高技术产业项目对于 GDP 的拉动作用都大，该地区是推动宁夏区域发展的主要动力来源，未来随着交通基础设施条件的改善，区域经济发展速度更快。但由于宁东地区目前发展基础薄弱，地区人口较少，一些现代产业发展的高技术人口更为稀缺，未来发展需要吸纳大量人口，包括一些高技术人才；但集聚人口、吸引人才需要良好的人居环境，短期内改变其生态环境、建设功能齐备的城市并不现实，必须依托沿黄城市带，尤其是临近的银川、固原等地，将这些地区建设成为宁东能源化工基地的生活服务区。

总体看来，未来宁东地区经济迅速发展，所吸引的产业工人大部分集中在宁东地区，更多的人口将集中在沿黄城市带，形成"产业在宁东发展，人口在沿黄集聚"的空间格局。

2）沿黄城市带是综合性产业集聚地，宁东能源化工基地是专业性产业集聚地。就产业分工角度来看，沿黄城市带应建设成为综合性高级产业集聚地，宁东能源化工基地建设成为专业性大规模产业集聚地。沿黄城市带是自治区产业基础最为雄厚的地区，其目前经济发展水平指标远高于其他地区，已经形成了煤炭、电力、冶金、化工、建材、机械、轻纺、新材料、生物制药和特色农产品等具有现代化水平和区域特色的产业带。该区域也是省内最有条件发展生产性服务业、高技术产业的地区，从其科技创新能力来看，银川市、石嘴山、固原城区远高于自治区内其他地区，而且这三个地区交通通达度高，适合发展科技含量高、覆盖范围广的生产性服务业和高技术产业。因此，沿黄城市带产业未来发展方向是生产性服务业、高技术产业、特色产业等。

宁东地区资源优势突出，区域总体上发展围绕煤炭的开采、形成产业链条、发展循环经济的趋势非常明显，适合形成以大规模的煤炭采掘、电力、化工等煤炭产业链条为主的产业结构。未来，宁东地区发展以煤炭资源为核心，以产业链条化、生态化为目标，所需要的其他生产性服务业可以依托沿黄城市带。

4

面向空间规划的区域综合承载力监测预警评价（2015）

4.1 监测预警原则和技术流程

4.1.1 基本概念

区域资源环境承载能力，是指在自然生态环境不受危害并维系良好生态系统前提下，一定地域空间可以承载的最大资源开发强度与环境污染物排放量及可以提供的生态系统服务能力。区域资源环境承载能力评估的基础是资源最大可开发阈值、自然环境的环境容量和生态系统的生态服务功能量的确定。

区域资源环境承载能力监测预警，是指通过对资源环境超载状况的监测和评价，对区域可持续发展状态进行诊断和预判，为制定差异化、可操作的限制性措施奠定基础。考虑到有些资源类型、环境要素指标的阈值难以确定，可以通过监测超过阈值造成的生态环境损害来预警承载力超载程度。

资源环境承载能力监测预警技术方法，旨在明确资源环境预警类型与评价指标体系，确定预警指标的算法和超载阈值，提出资源环境承载状态解析与政策预研的分析方法，为开展以县为单元的区域资源环境承载能力评价提供技术指南。

4.1.2 监测预警原则

1）立足区域功能，兼顾发展阶段。确立差异化的监测预警指标体系、关键阈值和技术途径；针对经济社会发展阶段和生态环境系统演变阶段的特征，修订和完善关键参数,调整和优化技术方法。

2)注重区域统筹,突出过程调控。根据不同地区之间的资源环境影响效应,调整预警参数和方法;综合比照资源利用效率和生态环境耗损的变化趋势,确定超载预警区间和监测路线图。

3)服从总量约束,满足管控要求。坚持以同一生态地理单元或开发功能单元水土资源、环境容量的总量控制为前提;同时,满足有关部门对水土资源、生态环境等要素的基本管控要求。

4)预警目标引导,完善监测体系。坚持预警需求引导监测体系建设,健全监测体系的顶层设计和统筹研究,逐步完善监测预警的数据支撑体系。

4.1.3 监测预警技术流程

以县级行政区为评价单元,开展陆域评价和海域评价,确定超载类型,划分预警等级,全面反映国土空间资源环境承载能力状况,并分析超载成因、预研对策措施建议。具体技术路线如下:

第一,开展陆域评价。陆域评价包括基础评价和专项评价两部分。基础评价采用统一评价指标体系,对所有县级行政单元进行全覆盖评价。第二,确定超载类型。根据评价结果,采取"短板效应"原理,将基础评价与专项评价中任意一个指标超载、两个及以上指标临界超载的组合确定为超载类型,将任意一个指标临界超载的确定为临界超载类型,其余为不超载类型。第三,确定陆域预警等级。针对超载类型开展过程评价,根据资源环境耗损加剧与趋缓程度,进一步确定陆域的预警等级。其中,超载区域分为红色和橙色两个预警等级,临界超载分为黄色和蓝色两个预警等级,不超载为无警(用绿色表示)。第四,统筹陆域超载类型和预警等级。将基础评价中的土地资源评价、水资源评价、环境评价和生态评价的结果进行复合,调整对应指标的评价值,实现同一行政区内陆域超载类型和预警等级的衔接协调。第五,进行超载成因解析与政策预研。识别和定量评价超载关键因子及其作用程度,解析不同预警等级区域资源环境超载原因。从资源环境整治、功能区建设和监测预警长效机制构建三个方面进行政策预研,为超载区域限制性政策的制定提供依据。

4.2　基础评价

4.2.1　土地资源评价

4.2.1.1　指标内涵

土地资源评价主要表征区域土地资源条件对人口集聚、工业化和城镇化发展的支撑能力。采用土地资源压力指数作为评价指标，该指数由现状建设开发程度与适宜建设开发程度的偏离程度来反映。

4.2.1.2　算法与步骤

1）要素筛选与分级。筛选永久基本农田、采空塌陷、生态保护红线、行洪通道、地形坡度、地壳稳定性、突发性地质灾害、地面沉降、蓄滞洪区等影响土地建设开发的构成要素，并根据影响程度对要素进行评价分级。

2）建设开发限制性评价。根据构成要素对土地建设开发的限制程度，确定强限制因子与较强限制因子。通常，强限制因子包括：生态保护红线、永久基本农田、行洪通道、采空塌陷区等要素，以及永久冰川、戈壁荒漠等难以利用区域。较强限制因子包括：优质耕地、园地、林地、草地、地裂缝、地震活动及地震断裂带、地形坡度、地质灾害、蓄滞洪区等要素。

3）建设开发适宜性评价。运用专家打分等方法，对区域建设开发适宜性的构成要素进行赋值。其中，对属于强限制因子的要素，采用0和1赋值；对属于较强限制因子的要素，按限制等级分类进行0~100赋值（表4-1）。采用限制系数法计算土地建设开发适宜性。根据土地建设开发适宜性得分，将区域建设开发适宜性划分为最适宜、基本适宜、不适宜和特别不适宜4种类型。通常，得分越高的区域越适宜开发建设。

4）现状建设开发程度评价。分析现状建设用地与最适宜、基本适宜建设开发土地之间的空间关系，并计算区域现状建设开发程度。

5）适宜建设开发程度阈值测算。依据建设开发适宜性评价结果，综合考虑主体功能定位、适宜建设开发空间集中连片情况等，进行适宜建设开发空间的聚集度分析，通过适宜建设开发空间聚集度指数确定离散型、一般聚集型和高度聚集型，并结合各区域主体功能定位，采用专家打分等方法确定各评价单元的适宜建设开发程度阈值。

6) 土地资源压力指数评价。对比分析现状建设开发程度与适宜建设开发程度阈值，通过二者的偏离度计算确定土地资源压力指数。

表 4-1　建设开发适宜性评价的要素构成与分类赋值表

因子类型	要素	分类	适宜性赋值
强限制因子	永久基本农田	永久基本农田	0
		其他	1
	采空塌陷区	严重区	0
		非严重区	1
	生态保护红线	生态保护红线	0
		其他	1
	行洪通道	行洪通道	0
		其他	1
	难以利用区域	永久冰川、戈壁荒漠等	0
		其他	1
较强限制因子	地震活动及地震断裂带	地震设防区	40
		其他	100
	一般农用地	高于平均等耕地、人工草地	40
		低于平均等耕地、天然草地	60
		园地、林地	80
		其他	100
	坡度	15°以上	40
		8°~15°	60
		2°~8°	80
		0°~2°	100
	突发地质灾害	高易发区	40
		中易发区	60
		低易发区	80
		无地质灾害风险	100
	蓄滞洪区	重要蓄滞洪区	40
		一般蓄滞洪区	60
		蓄滞洪保留区	80
		其他	100

4.2.1.3 阈值与重要参数

根据土地资源压力指数，将评价结果划分为土地资源压力大、压力中等和压力小 3 种类型。土地资源压力指数越小，即现状建设开发程度与适宜建设开发程度的偏离度越低，表明目前建设开发格局与土地资源条件趋于协调。通常，当 $D>0$ 时，土地资源压力大；当 D 为-0.3～0 时，土地资源压力中等；当 $D<-0.3$ 时，土地资源压力小。土地资源压力指数的划分标准可结合各类主体功能区对国土开发强度的管控要求进行差异化设置具体结果见表4-2。

表 4-2　宁夏土地资源压力评价结果

城市	县（市、区）	超载情况
银川市	主城区	压力中等
	永宁县	压力中等
	贺兰县	压力小
	灵武市	压力小
石嘴山市	大武口区	压力小
	平罗县	压力小
	惠农区	压力中等
吴忠市	利通区	压力中等
	青铜峡市	压力小
	盐池县	压力大
	同心县	压力大
	红寺堡区	压力大
中卫市	沙坡头区	中度压力
	中宁县	压力小
	海原县	压力大
固原市	原州区	压力小
	西吉县	压力小
	隆德县	压力小
	泾源县	压力小
	彭阳县	压力小

4.2.1.4 评价结果与分析

全区土地资源处于中度压力状态，呈现出由南向北逐步增大的趋势。主城区及周边地区土地资源压力相对较大，且分布较为集中。

4.2.2 水资源评价

水资源评价表征水资源可支撑经济社会发展的最大负荷。水资源评价采用满足水功能区水质达标要求的水资源开发量（包括用水总量和地下水供水量）作为评价指标，通过对比用水量、地下水供水量、水质与实行最严格水资源管理制度确立的控制指标，并考量地下水超采情况进行评价。

4.2.2.1 算法与步骤

（1）用水总量

用水总量指年正常降水状况下区域内河道外各类用水户从各种水源（地表、地下、其他）取用的包括输水损失在内的水量之和，包括生活用水、工业用水、农业用水和河道外生态环境补水。采用水资源公报或省区向国家上报的用水量数据，并根据当年降水丰枯程度对农业用水量进行转换，得到评价口径用水量。

（2）地下水供水量

地下水供水量指通过地下水取水工程，从地下含水层提引用于河道外各类用水户使用的水量。采用水资源公报或省区向国家上报的地下水供水量数据。根据用水总量与地下水供水量，并考虑水质达标与地下水开采水平，将评价结果划分为水资源超载、临界超载和不超载3种类型。评价结果显示：银川市、吴忠市和固原市水资源临界超载，中卫市水资源不超载，石嘴山市为超载；宁夏全区整体地下水用水量较高，有4个地下水超采点，且水质较差，全区水资源综合评价为临界超载状态；全区水资源整体临界超载；各县评价结果与原版评价结果相比较，银川市、吴忠市、中卫市与宁东地区各县承载能力上升，石嘴山市与固原市各县承载能力下降。

4.2.2.2 评价结果与分析

由表4-3可知，全区整体水资源开发利用量较高，有4个地下水超采点，且水质较差，全区水资源综合评价为临界超载状态。银川市、吴忠市和固原市水资源开发利用量临界超载，中卫市水资源开发利用量不超载，石嘴山市为超载。全区共有9个县（市、区）水资源超载，8个县（市、区）水资源临界超载，5个县（市、区）水资源开发利用量不超载。

表4-3 宁夏水资源超载水平评价

地区	县（市、区）	地下水供水量超标情况	用水量超标情况	超载情况
银川市	主城区	超采	1.08	超载
	永宁县	不超采	0.79	不超载
	贺兰县	不超采	0.92	不超载
	灵武市	不超采	1.00	临界超载
石嘴山市	大武口区	超采	0.98	超载
	平罗县	超采	1.09	超载
	惠农区	超采	0.95	超载
吴忠市	利通区	不超采	1.00	超载
	青铜峡市	不超采	0.93	临界超载
	盐池县	不超采	1.03	临界超载
	同心县	不超采	1.22	临界超载
	红寺堡区	不超采	1.09	临界超载
中卫市	沙坡头区	不超采	0.83	不超载
	中宁县	不超采	0.95	不超载
	海原县	不超采	0.94	不超载
固原市	原州区	不超采	0.71	超载
	西吉县	不超采	1.18	超载
	隆德县	不超采	0.74	超载
	泾源县	不超采	0.7	超载
	彭阳县	不超采	0.97	超载
宁东地区	宁东	不超采	0.75	不超载
	农垦	不超采	1.01	临界超载
	其他	不超采	1.03	临界超载

续表

地区	县（市、区）	地下水供水量超标情况	用水量超标情况	超载情况
	宁夏全区	不超采	0.96	临界超载

4.2.3 环境评价

4.2.3.1 评价指标及内涵

通过对宁夏区域进行环境评价，表征环境系统对经济社会活动产生的各类污染物的承受与自净能力。采用污染物浓度超标指数作为评价指标，通过主要污染物年均浓度监测值与国家现行环境质量标准的对比值反映，由大气、水主要污染物浓度超标指数集成获得。

4.2.3.2 评价方法

在主要大气污染物和水污染物浓度超标指数分项测算的基础上，集成评价形成污染物浓度超标指数的综合结果。

（1）大气环境评价——大气污染物浓度超标指数

单项大气污染物浓度超标指数。以各项污染物的标准限值表征环境系统所能承受人类各项社会经济活动的阈值［限值采用《环境空气质量标准》（GB 3095—2012）中规定的各类大气污染物浓度限制二级标准］。

（2）水环境评价——水污染物浓度超标指数

单项水污染物浓度超标指数。以各类控制断面主要污染物年均浓度与该项污染物一定水质目标下水质标准限值的差值作为水污染物超标量。标准限值采用国家 2020 年各控制单元水环境功能分区目标中确定的各类水污染物浓度的水质标准限值。

（3）环境评价——污染物浓度综合超标指数

污染物浓度综合超标指数采用极大值模型进行集成。

4.2.3.3 阈值

根据污染物浓度超标指数，将评价结果划分为污染物浓度超标状态、接近超标状态和未超标状态三种类型。污染物浓度超标指数越小，表明区域环境系统对社会经济系统的支撑能力越强，具体见表4-4。

表4-4 环境评价阈值与重要参数

污染物浓度超标指数	>0	−0.2～0	<−0.2
评价结果	超标状态	接近超标状态	未超标状态

4.2.3.4 评价结果

（1）大气环境评价——大气污染物浓度超标指数

基于宁夏5市2015年环境空气质量年均监测值，对宁夏全区及5市进行大气环境评价。由表4-5的评价结果可知，全区及5市大气污染物处于超标状态，5市超标程度顺序为石嘴山市>银川市>吴忠市＝中卫市>固原市。其中，银川市超标项为PM_{10}、$PM_{2.5}$和SO_2，石嘴山市超标项为PM_{10}、$PM_{2.5}$和SO_2，吴忠市超标项为PM_{10}、$PM_{2.5}$，中卫市超标项为PM_{10}、$PM_{2.5}$，固原市超标项为PM_{10}、$PM_{2.5}$，全区来看，超标项为PM_{10}、$PM_{2.5}$。

表4-5 宁夏大气环境污染评价结果

大气污染物超标指数	银川市	石嘴山市	吴忠市	中卫市	固原市	全区
$R_{大气}$	0.60	0.77	0.50	0.50	0.23	0.51
评价结果	超标	超标	超标	超标	超标	超标
超标项	PM_{10}	PM_{10}	PM_{10}	PM_{10}	PM_{10}	PM_{10}
	$PM_{2.5}$	$PM_{2.5}$	$PM_{2.5}$	$PM_{2.5}$	$PM_{2.5}$	$PM_{2.5}$
	SO_2	SO_2	—	—	—	—

（2）水环境评价——水污染物浓度超标指数

基于宁夏5市2015年地表水断面年均监测值，对宁夏全区及5市进行水环境评价。由表4-6的评价结果可知，全区、石嘴山市、吴忠市和固原市水污染物处于超标状态，银川市处于接近超标状态，中卫市处于未超标状态。水污染物超标来源于湖泊和排水沟。

表4-6　宁夏水环境污染评价结果

地区	地表水类型 （断面个数）	$R_水$	评价结果	超标项目
银川市	黄河干流断面（2个）	−0.53	未超标状态	—
	湖泊（3个）	0.78	超标状态	TP、TN、BOD_5、COD_{Cr}
	排水沟（5个）	2.72	超标状态	TP、BOD_5、COD_{Mn}、COD_{Cr}、NH_3—N
	$R_水$	−0.02	接近超标状态	—
石嘴山市	黄河干流断面（2个）	−0.45	未超标状态	—
	湖泊（2个）	1.58	超标状态	TP、TN、COD_{Mn}、COD_{Cr}、
	排水沟（1个）	1.35	超标状态	COD_{Cr}、NH_3—N、TP
	$R_水$	0.05	超标状态	COD、TP
吴忠市	黄河干流（1个）	−0.28	未超标状态	—
	湖泊（1个）	1.64	超标状态	TP、TN、COD_{Cr}
	排水沟（3个）	−0.01	接近超标状态	—
	$R_水$	0.05	超标状态	TP
中卫市	黄河干流（1个）	−0.50	未超标状态	—
	黄河支流（1个）	−0.25	未超标状态	—
	湖泊（1个）	−0.19	接近超标状态	—
	排水沟（2个）	0.33	超标状态	TP、COD_{Cr}、NH_3–N、BOD_5
	$R_水$	−0.09	未超标状态	—
固原市	黄河支流（9个）	0.94	超标状态	TP、COD_{Mn}、BOD_5、COD_{Cr}、NH_3—N
	$R_水$	0.94	超标状态	TP、COD_{Mn}、BOD_5、COD_{Cr}、NH_3—N
全区	$R_水$	0.09	超标状态	TN、TP、COD_{Mn}、BOD_5、COD_{Cr}、NH_3–N

　　注：$R_水$为水污染超标指数；TP为总磷；TN为总氮；BOD_5为五日生化需氧量；COD_{cr}为重铬酸盐指数；COD_{Mn}为高锰酸盐指数；NH_3—N为氨氮含量。

（3）环境评价——污染物浓度超标指数

　　基于以上大气环境评价、水环境评价结果，宁夏全区及5市环境评价结果均为超标状态，除固原市超标原因为水环境污染物超标外，其余各市超标原因均为

大气 PM_{10} 和 $PM_{2.5}$ 超标。5 市超标程度顺序为固原市>石嘴山市>银川市>吴忠市 = 中卫市，具体见表 4-7。

表 4-7　宁夏环境污染评价结果

地区	银川市	石嘴山市	吴忠市	中卫市	固原市	全区
污染物浓度超标指数	0.60	0.77	0.50	0.50	0.94	0.51
评价结果	超标状态	超标状态	超标状态	超标状态	超标状态	超标状态

4.2.4　生态评价

4.2.4.1　生态系统健康度指数

生态系统健康度指数（H）通过发生水土流失、土地沙化、盐渍化和石漠化等生态退化的土地面积比重反映。

（1）研究方法

通过区域内已经发生生态退化的土地面积比重及程度反映，水土流失、土地沙化、盐渍化和石漠化面积通过遥感影像进行反演得到。

（2）技术路线

根据遥感影像分别反演水土流失、土地沙化、盐渍化和石漠化面积，通过对 4 种土地退化类型的区域进行叠加分析，得到已经发生生态退化的面积，进而通过公式计算生态系统健康度指数，并对其进行分析评价。如图 4-1 所示，首先反演水土流失（土地侵蚀）、土地沙化、盐渍化和石漠化面积，其次进行土地退化叠加分析和土地退化分级信息的提取，最后制图输出。根据此技术路线分别反演、统计 4 种土地退化类型的面积。

4.2.4.2　土地沙化指数

土地沙化是指因气候变化和人类活动所导致的天然沙漠扩张和沙质土壤上植被破坏、沙土裸露的过程。目前遥感技术在土地荒漠化监测中起到了不可替代的作用。使用遥感影像数据可以提取土地荒漠化信息，通过遥感影像所表现的不同信息，可以判断土地荒漠化的发生与否及发展程度等。

（1）研究方法

基于遥感技术提取植被指数和地表反照率的组合信息，构造"归一化植被指数（normalized differential vegetation index，NDVI）与反照率（Albedo）特征空

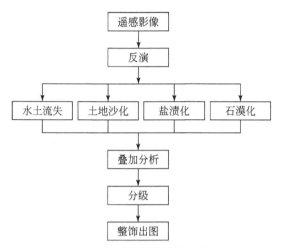

图 4-1　生态系统健康指数评价方法

间"来进行土地荒漠化信息遥感反演。通过构造"NDVI 与 Albedo 特征空间"来进行荒漠化信息遥感提取。在 NDVI－Albedo 特征空间中，可以利用 NDVI 和 Albedo 的组合信息，通过选择反映荒漠化程度的合理指数，就可以将不同荒漠化土地有效地加以区分，从而实现荒漠化时空分布与动态变化的定量监测与研究。

（2）技术路线

如图 4-2 所示，按照如下步骤开展：①数据获取；②数据预处理，包括数据定标处理、大气校正、几何配准、研究区域的裁剪；③信息提取，根据前人研究

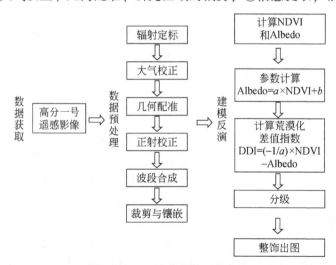

图 4-2　土地沙化指数评价方法

的公式计算 NDVI 和 Albedo。然后将结果进行归一化处理，保证数据的一致性；计算 NDVI 和 Albedo 的定量关系，这一步利用 excel 工具找到 NDVI 和 Albedo 数据间的量化关系。得到表达式 Albedo=a×NDVI+b 中 a 的值；计算荒漠化差值指数；荒漠化分级信息的提取，根据荒漠化差值植被指数就能进行荒漠化分级信息提取。有两种方法：一种是通过设置分级阈值进行分级；另一种是通过利用"自然间断点分级法"将 DDI 值进行分级；制图输出，将结果图输出。

（3）结果评价与分析

全区总体呈现南部沙化较轻，中部和北部沙化较重。大武口区、惠农区、青铜峡市、中宁县呈现极重度沙化。

4.2.4.3 盐渍化指数

盐渍化是指土壤底层或地下水的盐分随毛管水上升到地表，水分蒸发后，使盐分积累在表层土壤中的过程。通过增强植被与土壤背景之间的辐射差异估算和监测植被覆盖、植被长势、丰度，构建比值植被指数（ratio vegetation index，RVI）可以有效地反映盐渍化程度。

（1）研究方法

一般认为土壤反射率介于水体与植被之间，即大于水体的反射率而小于植被的反射率。在典型地物光谱曲线上，当波长在 0.35～0.65 m 时，盐碱类土壤和一般土壤的反射率大于其他地物（如植被等）；而波长在 0.65 m 以上时，植被的反射率大于土壤的反射率；在远红外波段，土壤反射率大于植被反射率。这与土壤物化特性水分动态及植被叶面反射率特性等有关。重度盐渍地在各个波段上的亮度值均比绿洲、水体、中轻度盐渍地高得多，其差值比较大，重度盐渍地在 TM5、TM4、TM3 波段组合上显示为白色；中轻度盐渍地为暗红色或灰黑色，易于与其他地物类型相区分，具有很好的可分性。中轻度盐渍地在 TM1、TM2、TM3、TM7 波段上的值均比绿洲高。TM4、TM5、TM7 波段值相加后，中轻度盐渍地的亮度值均低于岩石。利用这一特征可以区分中轻度盐渍地与岩石中轻度盐渍地。在 TM3、TM4、TM5、TM7 波段上的值均比旱地的低，因此将这几个波段相加也能增强它们之间的差异，利用以上方法可以有效地提取中轻度盐渍地。

（2）技术路线

如图 4-3 所示，按照如下步骤：①数据获取；②数据预处理，包括数据定标处理、大气校正、几何配准、研究区域的裁剪；③建模反演：计算 RVI 指数；密度分割；缨帽变换；盐渍化分级信息的提取，根据缨帽变换后的结果进行盐渍化分级信息提取（有两种方法：一种是通过设置分级阈值进行分级；另一种是通过利用"自然间断点分级法"进行分级);制图输出,将结果图输出。

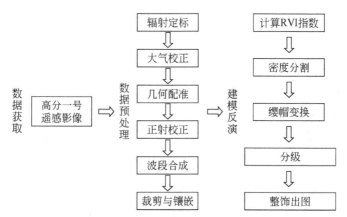

图 4-3　土地盐渍化指数评价方法

(3) 结果评价与分析

全区总体呈现南部、北部盐渍化较轻,中部和东部盐渍化较重。同心县、红寺堡、青铜峡市、沙坡头区呈现极重度和重度盐渍化。

4.2.4.4　水土流失指数

水土流失是土壤或其他地面组成物质在水力、风力、冻融、重力等外营力作用下,被剥蚀、破坏、分离、搬运和沉积的过程。基于遥感技术和 GIS 技术,利用遥感影像数据、DEM 数据等多源数据,构建植被覆盖度、坡度、土地利用等多指标评价体系,并通过叠加分析计算来评价土地的水土流失等级。

(1) 研究方法

以遥感数据为主要信息源,辅以 DEM、土地利用现状图、地质图和气象数据等专题数据;进行信息自动提取,结合人机交互解译;再利用 GIS 叠置分析生成不同时段土地侵蚀变化图;最后,经综合分析得到土地侵蚀面积、分布和变化特征。植被盖度是反映水土流失强度的重要指标,研究表明,植被盖度与植被指数呈近似线性相关,因此可以利用植被指数从遥感图像中自动提取植被盖度,生成植被盖度图。据研究,当地面坡度在 0° ~ 40°时,坡度与土壤冲刷量呈正比关系。利用 30m 分辨率的 SRTMDEM 数据,自动提取生成坡度图。

(2) 技术路线

如图 4-4 所示,按照如下步骤工作:①数据获取;②数据预处理,包括数据定标处理、大气校正、几何配准、研究区域的裁剪;③建模反演:计算植被覆盖度；提取坡度；反演土地利用类型，并进行分类；多因子叠加分析；土地侵蚀分级信息的提取。根据计算结果进行土地侵蚀分级信息提取（有两种方法：一种是通过设置分级阈值进行分级；另一种是通过利用"自然间断点分级法"进行分级）；制图输出，将结果图输出。

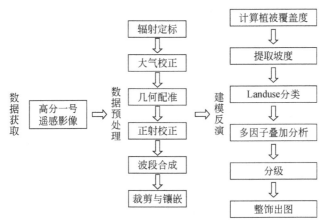

图 4-4　水土流失指数评价方法

（3）结果评价与分析

全区总体呈现南部侵蚀较轻，中部和北部侵蚀较重。大武口区、平罗县、沙头坡区呈现极重度和重度侵蚀。

4.2.4.5　生态系统健康度综合分析

对水土流失、土地沙化、盐渍化和石漠化 4 种土地退化类型的区域进行叠加分析，得到已经发生生态退化的面积，并计算退化比重。

4.2.4.6　生态系统健康度评价

根据生态系统健康度指数，将评价结果划分为生态系统低健康度、中等健康度、高健康度 3 种类型。生态系统健康度越低，表明区域生态系统退化状况越严重，产生的生态问题越大，这里，当 $H>30\%$ 时，生态系统健康度低；当 H 为 $20\%\sim30\%$ 时，生态系统健康度中等；当 $H<20\%$ 时，生态系统健康度高。

4.2.4.7　结果评价与分析

如表 4-8 所示，全区生态系统总体处于高健康度边缘状态，但已经呈现出逐步向中等健康演变的退化趋势。南部生态系统健康度较高，中部和北部生态系统健康度较低。其中，中卫市的大部分区域呈现生态系统健康度较低，相对较为集中。

表 4-8　宁夏生态系统健康度评价结果

地区	县（市、区）	超载情况
银川市	主城区	健康度高
	永宁县	健康度低
	贺兰县	健康度高
	灵武市	健康度低
石嘴山市	大武口区	健康度低
	平罗县	健康度中等
	惠农区	健康度低
吴忠市	利通区	健康度中等
	青铜峡市	健康度低
	盐池县	健康度高
	同心县	健康度低
	红寺堡区	健康度低
中卫市	沙坡头区	健康度低
	中宁县	健康度低
	海原县	健康度中等
固原市	原州区	健康度高
	西吉县	健康度高
	隆德县	健康度高
	泾源县	健康度高
	彭阳县	健康度高
全区		健康度高

4.3 专项评价

4.3.1 城市化地区评价

4.3.1.1 评价指标及内涵

城市化地区采用水气环境黑灰指数为特征指标，由城市黑臭水体污染程度和 $PM_{2.5}$ 超标情况集成获得，并结合优化开发区域和重点开发区域，对城市水和大气环境的不同要求设定差异化阈值。

4.3.1.2 评价方法

（1）城市水环境质量（黑臭水体）

根据《城市黑臭水体整治工作指南》，城市黑臭水体是指城市建成区内，呈现令人不悦的颜色和（或）散发令人不适气味的水体的统称，城市黑臭水体污染程度的分级标准根据透明度、溶解氧等指标确定（表4-9）。

表4-9　城市黑臭水体污染程度分级标准

特征指标	轻度黑臭	重度黑臭
透明度（cm）	25~10*	<10*
溶解氧（mg/L）	0.2~2.0	<0.2
氧化还原电位（mV）	-200~50	-200
氨氮（mg/L）	8.0~15	>15

注：*水深不足25cm时，该指标按水深的40%取值。

如表4-10所示，以城市河流黑臭水体污染程度及实测长度为基础数据，与建设用地中的城市和建制面积进行比较，计算城市黑臭水体密度、重度黑臭比重2项指标，并对优化开发区域和重点开发区域按照不同的阈值处理。

表4-10　城市黑臭水体单项指标分级参照阈值

功能区	黑臭水体密度（m²/km）			重度黑臭比重（%）		
	轻度	中度	重度	轻度	中度	重度
优化开发区域	<100	100~500	≥500	<25	25~50	≥50
重点开发区域	<300	300~800	≥800	<33	33~66	≥66

如表4-11，按照重度黑臭比重指标权重较高的原则，划分城市水环境质量（黑臭水体）评估等级。

表4-11　城市水环境质量（黑臭水体）等级划分

重度黑臭比重 黑臭水体密度	轻度	中度	重度
轻度	轻度	中度	重度
中度	轻度	中度	重度
重度	中度	重度	重度

（2）城市环境空气质量（$PM_{2.5}$）

根据国家关于环境空气质量的标准值（GB 3095—2012）划定浓度限值分级，具体见表4-12。

表4-12　$PM_{2.5}$浓度限值　　　　　（单位：$\mu g/m^3$）

平均时间	一级浓度限值	二级浓度限值
年平均	15	35
24h 平均	35	75

一级浓度限值适用于一类区，包括自然保护区、风景名胜区和其他需要特殊保护的区域，二级浓度限值适用于二类区，包括居住区、商业交通居民混合区、文化区、工业区和农村地区。$PM_{2.5}$以年超标天数为评价指标，$PM_{2.5}$超标天数等级划分的参照阈值见表4-13。

表4-13　城市环境空气质量（$PM_{2.5}$）等级划分参照阈值　（单位：天）

功能区	轻度	中度	重度	严重
优化开发区域	<60	60～120	120～210	≥210
其中：核心城市主城区	<30	30～90	90～180	≥180
重点开发区域	<120	120～180	180～240	≥240
其中：核心城市主城区	<60	60～120	120～210	≥210

注：核心城市主要指直辖市、省会或城市人口规模超过500万以上的特大和超大城市，主城区是指城市人口集中分布的中心城市。

（3）水气环境黑灰指数

根据城市黑臭水体污染程度和$PM_{2.5}$超标情况，结合优化和重点开发区域对城市水气环境的差异化等级划分，集成得到水气环境黑灰指数评价结果。将二者均为重度污染，或 PM$_{2.5}$ 严重污染的划分为超载，将二者中任意一项为重度污染，或二者均为中度污染的划分为临界超载，其余为不超载。

4.3.1.3 评价结果

（1）城市水环境质量（黑臭水体）

如表 4-14 所示，宁夏 5 市 2015 年城市黑臭水体评价结果显示，除银川市城市水环境质量（黑臭水体）评价结果为中度污染外，石嘴山市、吴忠市、固原市和中卫市均为轻度污染。

表 4-14　宁夏 5 市城市水环境质量（黑臭水体）评价结果

城市	黑臭水体密度等级	重度黑臭比重等级	城市水环境质量评价等级
银川市	轻度	中度	中度
石嘴山市	轻度	轻度	轻度
吴忠市	轻度	轻度	轻度
固原市	轻度	轻度	轻度
中卫市	轻度	轻度	轻度

（2）城市环境空气质量（PM$_{2.5}$）

如表 4-15 所示，宁夏 5 市 2015 年 PM$_{2.5}$ 监测结果显示，石嘴山市超标天数最多，有 137 天 PM$_{2.5}$ 超标，固原市超标天数最少，有 40 天 PM$_{2.5}$ 超标。结合宁夏回族自治区主体功能区类型，评价结果显示，除固原市城市环境空气质量为轻度污染外，银川市、石嘴山市、吴忠市和中卫市城市环境空气质量属中度污染。

表 4-15　宁夏 5 市城市环境空气质量（PM$_{2.5}$）评价结果

城市	有效监测天数	达标率（%）	超标天数	评价等级
银川市	365	70.96	106	中度污染
石嘴山市	365	62.47	137	中度污染
吴忠市	365	73.97	95	中度污染
固原市	363	89.04	40	轻度污染
中卫市	365	73.43	97	中度污染

（3）水气环境黑灰指数

基于以上城市水环境质量和城市空气质量评价结果，对城市水气环境质量进行集成评价，评价结果见表 4-16，银川市城市水气环境质量临界超载，石嘴山市、吴忠市、固原市和中卫市不超载。

表4-16　宁夏5市城市水气环境质量评价结果

城市	城市环境空气质量评价等级	城市水环境质量评价等级	水气环境黑灰指数
银川市	中度污染	中度	临界超载
石嘴山市	中度污染	轻度	不超载
吴忠市	中度污染	轻度	不超载
固原市	轻度污染	轻度	不超载
中卫市	中度污染	轻度	不超载

4.3.2　农产品主产区评价

4.3.2.1　评价指标及内涵

按照种植业地区和牧业地区分别开展评价。种植业地区采用耕地质量变化指数为特征指标，通过有机质、全氮、有效磷、速效钾、缓效钾和pH 6项评价指标的等级变化反映。牧业地区采用草原草蓄平衡指数为特征指标，通过草原实际载畜量与合理载畜量的差值比率反映。

4.3.2.2　评价方法

（1）种植业地区——耕地质量变化指数

根据国家耕地质量监测数据，分别确定初年、期末年有机质、全氮、有效磷、速效钾、缓效钾、土壤pH所处等级，土壤养分和土壤pH等级划分标准见表4-17和表4-18。

表4-17　土壤养分含量分级标准

项目	单位	级别					
		1 丰富	2 较丰富	3 中等	4 较缺乏	5 缺乏	6 极缺乏
有机质	g/kg	>30	20~30	15~20	10~15	6~10	<6
全氮	g/kg	>1.5	1.25~1.5	1~1.25	0.75~1	0.5~0.75	<0.5
有效磷	mg/kg	>40	25~40	20~25	15~20	10~15	<10
速效钾	mg/kg	>150	120~150	100~120	80~100	50~80	<50
缓效钾	mg/kg	>1500	1200~1500	900~1200	750~900	500~750	<500

表4-18　土壤 pH 分级标准

级别	4 极酸性	3 强酸性	2 中弱酸性	1 中性	2 中等碱性	3 强碱性	4 极碱性
土壤 pH	<4.5	4.5~5.5	5.5~6.5	6.5~7.5	7.5~8.5	8.5~9	>9

由此测算各项等级变化情况。耕地质量变化指数（ΔCG）取各单项指标等级变化量的最大值（表4-19）。

表4-19　耕地质量评价等级划分

级别	恶化态势	相对稳定态势	趋良态势
ΔCG	>1	=1	≤0

（2）牧业地区——草原草畜平衡指数

基于产草量、实际载畜量和合理载畜量的单项指标评价确定草原草畜平衡指数。以地面样方数据和卫星遥感数据为基础，通过遥感建模计算草地干草产量；按统计部门的牲畜饲养量，综合考虑羊单位折算系数等因素计算实际载畜量；综合考虑草地合理利用率、标准干草系数、羊单位折算系数等因素计算合理载畜量。对不同牲畜需统一折算为标准羊单位，折算系数根据《天然草地合理载畜量的计算》（NY/635—2002）确定（表4-20）。草原草畜平衡指数通过当年实际载畜量与当年合理载畜量的对比进行计算。通常，当BGLI>15%时，牧业地区草原草畜超载；当10%<BGLI≤15%时，草畜临界超载；当BGLI≤10%时，草原草畜不超载。

表4-20　各类草食动物折算为标准羊单位的系数

牲畜类型	绵羊	山羊	牛	马	骆驼	驴	骡
折算系数	1	0.8	5	6	8	3	6

4.3.2.3　评价结果

（1）种植业地区——耕地质量变化指数

根据《宁夏耕地质量提升技术集成与示范推广土壤理化性状结果》调查数据对宁夏全区耕地质量变化进行评价，表4-21的结果显示与2014年相比，2015年全区耕地质量呈趋良态势。

表 4-21 宁夏全区耕地质量评价

项目	单位	2014 年		2015 年		等级变化量
		含量	级别	含量	级别	
有机质	g/kg	15.37	3	15.62	3	0
全氮	g/kg	0.93	4	0.79	4	0
有效磷	mg/kg	29.7	2	28.14	2	0
速效钾	mg/kg	156.96	1	161.38	1	0
土壤 pH	无	8.2	2	8.23	2	0
全区耕地质量评价结果						0（趋良态势）

（2）牧业地区——草原草蓄平衡指数

由表 4-22 可知，宁夏全区草原草畜不超载，其中平罗县、青铜峡市、同心县和中宁县为超载；西吉县和彭阳县为临界超载；其余各县不超载。

表 4-22 宁夏草原草畜评价结果

地区	县（市、区）	草原草畜平衡指数	等级
银川市	灵武市	-0.07	不超载
石嘴山市	平罗县	4.22	超载
吴忠市	青铜峡市	1.58	超载
	同心县	0.46	超载
	盐池县	-0.45	不超载
中卫市	沙坡头区	-0.48	不超载
	中宁县	0.25	超载
	海原县	-0.18	不超载
固原市	原州区	-0.59	不超载
	西吉县	0.05	临界超载
	彭阳县	0.02	临界超载
	隆德县	-0.41	不超载
全区		-0.06	不超载

4.3.3 重要生态功能区评价

4.3.3.1 水源涵养功能指数

针对水源涵养生态功能区，采用水源涵养功能指数进行评价。计算单位面积水源涵养量，与单位面积降雨量进行比较，根据值的大小进行分级。

（1）水源涵养量

采用水量平衡方程来计算水源涵养量，主要与降水量、蒸散发、地表径流量和植被覆盖类型等因素密切相关。

（2）水源涵养功能指数

表4-23显示，水源涵养功能指数为单位面积水源涵养量与单位面积降雨量比值。按水源涵养功能指数>10%、3%～10%及<3%的区域，将水源涵养功能评价结果分为高级、中级和低级3个等级。

表4-23 各类生态系统地表径流系数均值表

一级生态系统类型	二级生态系统类型	平均径流系数（%）
林地	有林地	2.67
	灌木林地	4.26
	疏林地	19.2
	其他林地	19.2
草地	高覆盖度草地	4.78
	中覆盖度草地	8.2
	低覆盖度草地	18.27
湿地	湿地	0

（3）结果评价与分析

由表4-24可知，宁夏全区总体水源涵养功能水平较低，仅泾源县水源涵养功能为中级，其余地区均为低级；宁夏南部水源涵养功能普遍比北部高。

表4-24　宁夏水源涵养功能评价结果表

地区	县（市、区）	水源涵养指数	等级
银川市	贺兰县	-1.07	低级
	灵武市	-0.79	低级
	永宁县	-1.11	低级
	西夏区	-1.44	低级
	兴庆区	-1.38	低级
	金凤区	-1.47	低级
石嘴山市	大武口区	-1.58	低级
	惠农区	-1.53	低级
	平罗县	-1.48	低级
吴忠市	红寺堡区	-0.84	低级
	利通区	-0.93	低级
	青铜峡市	-1.37	低级
	同心县	-0.17	低级
	盐池县	-0.33	低级
中卫市	海原县	-0.07	低级
	沙坡头区	-0.73	低级
	中宁县	-0.67	低级
固原市	泾源县	0.07	中级
	隆德县	-0.01	低级
	彭阳县	-1.51	低级
	西吉县	-0.03	低级
	原州区	0.01	低级
全区		-0.84	低级

4.3.3.2　自然栖息地质量指数

针对生物多样性维护生态功能区，采用自然栖息地质量指数进行评价。计算自然栖息地的质量状况，根据其值的大小进行分级，进而评估生态系统功能等级。

（1）自然栖息地面积比重

计算包括森林、灌丛、草地和湿地等自然生态系统的面积占评价区总面积的比重。

（2）自然栖息地面积比重分级

通常，按照自然栖息地面积比重>75%、50%~75%，以及<50%的区域，将生物多样性维护功能评价结果分别划分为高质量、中等质量和低质量三个等级。

如表 4-25 的结果评价与分析显示，全区自然栖息地处于中等质量状态，整体质量较好。主城区及周边地区自然栖息地质量较低，且分布较为集中，高质量区域分布在大武口区和泾源县。

表 4-25　宁夏自然栖息地质量评价结果（2015 年）

城市	区域	林、草地面积（km²）	行政区面积（km²）	林、草地面积比重（%）	等级
银川市	主城区	447.35	1 762.66	25.38	低质量
	永宁县	158.15	928.06	17.04	低质量
	贺兰县	285.64	1 211.02	23.58	低质量
	灵武市	1 776.76	3 043.12	58.39	中等质量
石嘴山市	大武口区	602.61	944.88	63.79	高质量
	平罗县	580.39	2 071.88	28.01	低质量
	惠农区	434.07	1 060.74	40.93	中等质量
吴忠市	利通区	432.02	1 064.24	40.59	中等质量
	青铜峡市	762.51	1 899.3	40.15	中等质量
	盐池县	3 861.15	6 567.93	58.79	中等质量
	同心县	2 142.47	4 430.73	48.35	中等质量
	红寺堡区	1 606.72	2 806.38	57.25	中等质量
中卫市	沙坡头区	2 707.85	5 325.11	50.85	中等质量
	中宁县	1 880.03	3 279.44	57.33	中等质量
	海原县	2 751.14	5 018.27	54.82	中等质量
固原市	原州区	1 464.74	2 764.48	52.98	中等质量
	西吉县	1 343.32	3 127.47	42.95	中等质量
	隆德县	407.79	993.79	41.03	中等质量
	泾源县	753.83	1 126.9	66.89	高质量
	彭阳县	447.35	1 762.66	25.38	低质量
全区		25 797.49	51 964.54	49.64	中等质量

4.4　集成评价

4.4.1　超载类型划分

在陆域基础评价与专项评价的基础上，遴选集成指标，采用"短板效应"原理确定超载、临界超载、不超载 3 种超载类型，并复合陆域评价结果，校验超载类型，最终形成超载类型划分方案。

4.4.1.1 集成指标遴选

集成指标是资源环境超载类型划分的基本依据，包括 8 个陆域评价指标。指标项具体见表 4-26。

表 4-26 集成指标

指标来源			指标名称	指标分级		
路域评价	基础评价	土地资源	土地资源压力指数	压力大	压力中等	压力小
		水资源	水资源开发利用量	超载	临界超载	不超载
		环境	污染物浓度超标指数	超标状态	接近超标状态	未超标状态
		生态	生态系统健康度	健康度低	健康度中等	健康度高
	专项评价	城市化地区	水气环境黑灰指数	超载	临界超载	不超载
		农产品生产区 种植业地区	耕地质量变化指数	恶化态势	相对稳定态势	趋良态势
		牧业地区	草原草畜平衡指数	超载	临界超载	不超载
		重要生态功能区	生态系统功能指数	低等	中等	高等

4.4.1.2 超载类型确定

在陆域开展基础评价、专项评价的基础上，采取"短板效应"进行综合集成。集成指标中任意 1 个超载或 2 个以上临界超载，确定为超载类型；任意 1 个临界超载，确定为临界超载类型；其余为不超载类型。

4.4.2 过程评价

4.4.2.1 土地资源利用效率变化

土地利用效率变化评价结果见表 4-27，宁夏全区土地资源利用效率呈现总体上升趋势且高于全国水平，整体土地资源集约利用水平不断提高。各县（市、区）土地资源利用效率评价结果显示，所有县（市、区）的土地利用效率均呈现逐步上升且高于全国平均水平，土地资源集约利用水平不断提高。

表 4-27 宁夏及全国土地资源利用效率评价　　　　　（单位:%）

地区	土地资源利用效率	地区	土地资源利用效率
银川市	11.80	固原市原州区	12.34
永宁县	14.35	西吉县	15.03
贺兰县	14.37	隆德县	12.76
灵武市	19.34	泾源县	11.29
石嘴山市	11.61	彭阳县	9.94
平罗县	14.30	中卫城区	13.51
吴忠市利通区	13.08	中宁县	15.78
青铜峡市	7.38	海原县	13.03
盐池县	15.76	全区	13.22
同心县	14.69	全国	11.54

4.4.2.2　林草覆盖变化率

由评价结果可知，宁夏全区自然栖息地处于中等质量状态，整体质量较好。主城区及周边地区自然栖息地质量较低，且分布较为集中，高质量区域分布在大武口区和泾源县。

4.4.2.3　水资源利用效率变化

如表 4-28 评价结果显示，宁夏全区水资源资源利用效率呈现总体上升趋势且高于全国水平，整体水资源利用水平不断提高。各县（市、区）水资源利用效率评价结果显示，所有县（市、区）的水资源利用效率均呈现逐步上升且高于全国平均水平，水资源利用效率不断提高。

表 4-28 宁夏及全国水资源利用效率评价　　　　　（单位:%）

地区	水资源利用效率
宁夏	21.51
银川市	21.48
石嘴山市	17.68
吴忠市	17.21
固原市	18.95

地区	水资源利用效率
中卫市	19.72
全国	16.28

4.4.2.4 水污染无排放强度变化

如表4-29结果显示，宁夏全区水污染无排放强度逐年降低，且降低速率高于全国平均水平。

表4-29　宁夏及全国化学需氧量及氨氮排放强度评价

地区	化学需氧量	氨氮
全国	−0.088 92	−0.090 64
宁夏	−0.135 46	−0.173 48
银川市	−0.111 51	−0.150 58
石嘴山市	−0.100 64	−0.140 19
吴忠市	−0.093 35	−0.133 21
固原市	−0.129 6	−0.167 87
中卫市	−0.105 89	−0.145 2

4.4.2.5 大气污染物

如表4-30结果显示，宁夏全区大气污染物排放强度逐年降低，且降低速率高于全国平均水平，综合评价结果显示宁夏区整体资源环境损耗趋于缓和，逐年好转。

表4-30　宁夏及全国二氧化硫及氮氧化物排放强度评价

地区	二氧化硫	氮氧化物
全国	−0.164 47	−0.134 1
宁夏	−0.164 98	−0.097 44
银川市	−0.141 15	−0.059 94
石嘴山市	−0.154 76	−0.089 46
吴忠市	−0.154 25	−0.054 82

续表

地区	二氧化硫	氮氧化物
固原市	−0.161 79	−0.181 53
中卫市	−0.175 96	−0.123 59

4.5　预警等级确定及最终结果

　　按照陆域资源环境耗损过程评价结果，对超载类型进行预警等级划分。将资源环境耗损加剧的超载区域定为红色预警区（极重警）、资源环境耗损趋缓的超载区域定为橙色预警区（重警），资源环境耗损加剧的临界超载区域定位黄色预警区（中警），资源环境耗损趋缓的临界超载区定位蓝色预警（轻重警），不超载的区域为绿色无警区（无警）。如图 4-5 所示，根据以上的基础评价和过程评价，确定最终的预警等级表。

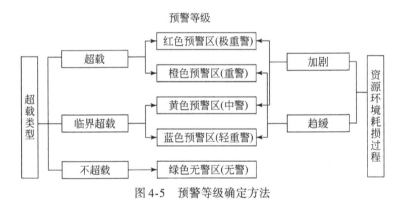

图 4-5　预警等级确定方法

　　宁夏回族自治区区域资源环境承载能力总体不超载，但部分县（市、区）、部分指标评价结果显示存在承载压力。①土地资源方面，12 个县（市、区）不超载，6 个临界超载，4 个超载出现橙色预警，全区总体情况良好。②水资源方面，全区 3 个县（市、区）不超载，5 个临界超载，14 个超载出现橙色预警，应严格限制高耗水产业发展，进一步提升水资源集约节约利用水平，提高水资源综合利用效益。③生态系统健康度方面，全区主要有 9 个县（市、区）生态系统敏感脆弱，特别是同心县出现红色预警，应强化生态系统保护和修复，注重培育生态经济。④生态服务功能方面，全区大部分区县难以提供较好的森林碳汇、水源涵养、生物多样性等生态服务功能，仅有泾源县、大武口区的部分区域林业基础较好，应进一步加大营林力度，加强保护。各县（市、区）评价结果见表4-31。

表4-31 县（市、区）资源环境承载能力评价表

地市	县（市、区）	土地资源压力评价	水资源开发利用评价	城市化地区评价	生态系统健康度评价	生态服务功能评价	集成综合评价
银川市	市辖区	绿色无警区	橙色预警区	绿色无警区	绿色无警区	—	橙色预警区
	永宁县	蓝色预警区	绿色无警区	绿色无警区	橙色预警区	橙色预警区	橙色预警区
	贺兰县	绿色无警区	蓝色预警区	绿色无警区	绿色无警区	橙色预警区	蓝色预警区
	灵武市	绿色无警区	蓝色预警区	绿色无警区	橙色预警区	蓝色预警区	蓝色预警区
石嘴山市	大武口区	绿色无警区	橙色预警区	绿色无警区	橙色预警区	绿色无警区	蓝色预警区
	惠农区	蓝色预警区	橙色预警区	绿色无警区	橙色预警区	蓝色预警区	黄色预警区
	平罗县	绿色无警区	蓝色预警区	绿色无警区	蓝色预警区	橙色预警区	橙色预警区
吴忠市	利通区	蓝色预警区	绿色无警区	绿色无警区	蓝色预警区	蓝色预警区	蓝色预警区
	红寺堡区	橙色预警区	橙色预警区	绿色无警区	橙色预警区	蓝色预警区	黄色预警区
	青铜峡市	绿色无警区	绿色无警区	绿色无警区	橙色预警区	蓝色预警区	蓝色预警区
	盐池县	橙色预警区	橙色预警区	绿色无警区	绿色无警区	蓝色预警区	蓝色预警区
	同心县	橙色预警区	橙色预警区	绿色无警区	红色预警区	蓝色预警区	黄色预警区
固原市	原州区	绿色无警区	橙色预警区	绿色无警区	绿色无警区	蓝色预警区	蓝色预警区
	西吉县	绿色无警区	橙色预警区	绿色无警区	绿色无警区	蓝色预警区	蓝色预警区
	隆德县	绿色无警区	蓝色预警区	绿色无警区	绿色无警区	蓝色预警区	蓝色预警区
	泾源县	蓝色预警区	蓝色预警区	绿色无警区	绿色无警区	绿色无警区	绿色无警区
	彭阳县	蓝色预警区	橙色预警区	绿色无警区	绿色无警区	橙色预警区	黄色预警区
中卫市	沙坡头区	蓝色预警区	蓝色预警区	绿色无警区	橙色预警区	蓝色预警区	蓝色预警区
	中宁县	绿色无警区	橙色预警区	绿色无警区	橙色预警区	蓝色预警区	蓝色预警区
	海原县	橙色预警区	橙色预警区	绿色无警区	黄色预警区	蓝色预警区	黄色预警区

注：1. 绿色表示不超载；蓝色黄色表示临界超载；橙色红色表示超载。

　　2. "—"因银川市辖区不含重点生态功能区，未进行该项指标评价。

5

资源环境约束下产业结构和人口优化调整

根据宁夏区域资源环境承载能力，计算基于资源、环境约束下产业结构和人口优化调整发展方案，并提出相应的区域资源环境未来发展限制指标，为区域的合理发展提供依据。

5.1 宁夏国土空间开发适宜性评价方法

5.1.1 总则

适用范围：宁夏回族自治区以县（市、区）为单元开展覆盖全自治区的国土空间开发适宜性评价工作。

评价依据：《省级空间规划试点方案》（厅字〔2016〕51号）；《市县经济社会发展总体规划技术规范与编制导则（试行）》（发改规划〔2015〕2084号）。

评价目的：科学界定国土空间的保护范围与开发界线，构建合理的宁夏空间开发评价指标体系，形成宁夏空间开发适宜性评价总图，为合理划定生态空间、农业空间、城镇空间提供科学依据。

基本概念：宁夏空间开发适宜性评价，是利用地理空间基础数据，在核实与补充调查基础上，采用统一方法对全域空间进行建设开发适宜性评价，确定最适宜开发、较适宜开发、较不适宜开发和最不适宜开发的区域。

评价原则：尊重自然和经济发展规律。树立尊重自然、顺应自然、保护自然理念，充分考虑全区资源环境本底，遵循宁夏社会经济发展现状和趋势，确保生态效益与社会经济效益相统一。保护和发展相协调。正确处理保护与发展的关系，将保护作为发展的基本前提，坚守自然资源供给上限、粮食安全与生态环境安全的基本底线，形成保护和发展协调统一的空间格局。兼顾刚性和弹性约束。

遵循保护红线等刚性规定，综合考虑宁夏实际情况，因地制宜选取评价因子、设置参数、确定分级阈值，预留合理的弹性空间。

评价流程如图 5-1 所示。

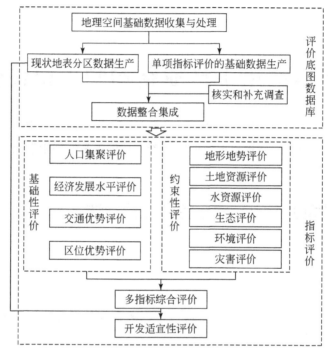

图 5-1　宁夏国土空间开发适宜性评价流程图

5.1.2　建立评价底图数据库

将宁夏地理空间基础资料、各类规划资料和相关的数据资料梳理后，生成现状地表分区数据和单项指标评价的基础数据，建立评价底图数据库，形成统一的数据基础。

基本要求：按照统一的地图数学基础进行空间数据处理。

5.1.2.1　数学基础

1）平面基准：采用 2000 国家大地坐标系（CGCS2000）。

2）高程基准：采用 1985 国家高程基准。

3）投影方式：一般情况下，采用地理坐标，坐标单位为度，保留 6 位小数。根据制图需要可采用高斯-克吕格投影，分带方式采用 3°分带或 6°分带，坐标单位为米，保留 2 位小数；涉及跨带的区域，应采用同一投影带。

5.1.2.2 空间数据处理

1）配准或纠正：对无空间参考的地图资料，以基础地理信息数据作为空间参考进行配准、纠正处理。栅格图分辨率不低于 200DPI（dot per inch，点每英寸），图面信息应无损失。

2）坐标转换：对非 CGCS2000 空间基准的空间数据进行坐标转换，统一至 CGCS2000。

3）格式转换：将空间数据格式转换为统一的地理信息数据格式。

4）数据拼接与裁切：对收集的空间数据进行拼接、提取与裁切处理，形成完整覆盖宁夏的数据。

5）空间一致性处理：综合对比反映现状情况的不同来源数据，对同一位置反映的现状情况不一致时，采用与高分辨率最新影像或现势性强、准确性高的现状数据对比、外业核查、政府确认等方式，并结合已掌握的违法用地、批而未建信息统一对实地现状的认识。无法统一认识的，应对冲突信息进行专门记录。

5.1.2.3 现状地表分区数据

现状地表分区数据由空间开发负面清单数据、现状建成区数据与过渡区数据整理生成。首先，遴选出空间开发负面清单和现状建成区；其次，将剩余区域作为过渡区，叠加坡度数据，进行三个类型划分，分别为以农业为主的Ⅰ型过渡区、以天然生态为主的Ⅱ型过渡区及以地表破坏较大的露天采掘场等为主的Ⅲ型过渡区。

5.1.2.4 空间开发负面清单数据

空间开发负面清单是由受自然地理条件等因素影响不适宜开发，或国家法律法规和规定明确禁止开发的空间地域单元集合。主要包括但不局限于基本农田保护区、自然保护区、风景名胜区、森林公园、地质公园、世界文化自然遗产、水域用地、湿地、饮用水水源保护区等禁止开发，以及受地形地势影响不适宜大规模工业化、城镇化开发的空间地域单元。

以地理数据为基础，结合基本农田、生态保护红线等各类保护、禁止（限制）开发区界线资料，确定空间开发负面清单类别与范围，形成空间开发负面清单数据。各市、县（市、区）可根据实际情况增加具体类别。

5.1.2.5 现状建成区数据

整合各类客观反映现状建设实际情况的数据，生成现状建成区数据。

5.1.2.6 过渡区数据

Ⅰ型过渡区数据：包括水田、果园、桑园、苗圃、花圃、其他园地、温室、大棚、场院、晒盐池、房屋建筑区、广场、硬化地表、水工设施、固化池、工业设施、其他构筑物、建筑工地及坡度在 25°及以下的旱地等。

Ⅱ型过渡区数据：包括乔木林、灌木林、乔灌混合林、疏林、绿化林地、人工幼林、稀疏灌丛、天然草地、人工草地、沙障、堆放物、其他人工堆掘地、盐碱地表、泥土地表、沙质地表、砾石地表、岩石地表，以及坡度大于 25°的旱地等。

Ⅲ型过渡区数据：露天采掘场等。

5.1.2.7 单项指标评价的基础数据

单项指标评价的基础数据分别从测绘地理信息等数据源中提取和采集，具体要求见表 5-1。

表 5-1　单项指标评价基础数据生产要求

序号	数据名称	数据来源	生产要求
1	行政区划数据	测绘地理信息数据	乡镇级行政界线利用收集的资料进行补充修正
2	交通数据	测绘地理信息数据	宁夏全域外扩 6km，并进行连通性处理
3	水域	测绘地理信息数据	标记现状建成区内水域数据
4	区位点及区域单元地名点数据	测绘地理信息数据	增加本年度 GDP、人口等信息（区位点提取至县、市级。例如，相邻区域为银川市的兴庆区，则提取银川市）
5	道路覆盖数据	测绘地理信息数据	标记现状建成区内道路数据
6	统计数据	统计数据	对自 2011 年起 5 年至 10 年的人口、经济统计数据进行整理，并与乡镇行政区划单元相关联

核查和补充调查：对不完整或不确定的数据应进行外业核查和补充调查，核查结果须经当地相关主管部门确认。

数据整合集成：将生产的现状地表分区数据和单项指标评价的基础数据分层

入库，形成评价底图数据库。

5.1.3 指标评价

5.1.3.1 单项指标评价

遵循科学性和通用性原则，选择 4 项基础性和 6 项约束性指标开展单项指标评价。

5.1.3.2 基础性评价

基础性评价由人口集聚水平、经济发展水平、交通优势、区位优势 4 项评价构成。

1）人口集聚水平评价：计算各市、县（市、区）人口密度、人口增长率，综合集成得到人口集聚水平指标，形成人口集聚水平空间评价图。评价结果分高、较高、中等、较低、低 5 个等级，主要反映人口分布特征及人口集聚趋势。

2）经济发展水平评价：计算各市、县（市、区）人均 GDP、地均经济密度，综合集成得到经济发展水平等级，形成经济发展水平空间评价图。评价结果分为高、较高、中等、较低、低 5 个等级，主要反映地区经济发展水平与未来发展的趋势和潜力。

3）交通优势评价：计算机场、铁路、公路等交通网络密度和交通干线影响度，综合集成得到交通优势度，形成交通优势度总体评价图。评价结果分为高、较高、中等、较低、低 5 个等级，主要反映交通基础设施对宁夏国土开发的引导、支撑和保障能力。

4）区位优势评价：计算各市、县（市、区）内部区位评价值和外部区位评价值，综合集成得到区位优势度，形成区位优势总体评价图。评价结果分高、较高、中等、较低、低 5 个等级，主要反映宁夏各市、县（市、区）及其对周边地区的辐射影响和拉动效应。

5.1.3.3 约束性评价

约束性评价由地形地势、土地资源、水资源、生态、环境、灾害 6 项评价构成。

1）地形地势评价：根据土地坡度分级、高程值分类，综合集成得到地形地势等级，形成地形地势评价图。评价结果分最适宜、较适宜、适当开发、控制开发和不适宜开发 5 个等级,主要反映区域自然地理状况。

2) 土地资源评价:根据可利用土地、已有建设用地数量和常住人口数据,计算得到人均后备适宜用地潜力,形成土地资源评价图。评价结果分丰富、较丰富、中等、较缺乏、缺乏 5 个等级,主要反映区域土地资源对未来人口与产业集聚、新型城镇化建设的支撑能力。

3) 水资源评价:根据用水总量控制指标、用水量、常住人口数据,计算得到人均水资源开发利用潜力,形成水资源评价图。评价结果分高、较高、中等、较低和低 5 个等级,主要反映区域水资源条件对未来人口与产业集聚、新型城镇化建设的支撑能力。

4) 生态评价:根据生态敏感性和生态系统服务功能重要性评价结果,综合集成得到生态保护重要性指标,形成生态评价图。评价结果将生态保护的重要性分高、较高、中等、较低、低 5 个等级,主要反映生态保护对于社会经济发展的重要程度。

5) 环境评价:计算大气和水环境容量超载指数并进行分级,综合集成得到环境胁迫程度指标,形成环境评价图。评价结果分高、较高、中等、较低、低 5 个等级,主要反映区域环境容量对生活生产的支撑能力。

6) 灾害评价:计算灾害易损度、人口易损度、资产易损度并进行分级,依据"短板效应"分析重点评价区域自然灾害影响程度,确定灾害影响避让区域,形成灾害评价图。评价结果将灾害风险度分高、较高、中等、较低、低 5 个等级,主要反映一定区域内自然灾害活动的危险性及可能造成的损失程度。

5.1.3.4 多指标综合评价

在以上 10 项单指标评价结果基础上,将各单项评价结果赋予权重,计算得到多指标综合评价值,并由高至低分一级、二级、三级和四级 4 个等级。其中,一级表示土地适宜开发程度最高,四级表示土地适宜开发程度最低。

5.1.3.5 开发适宜性评价

将多指标综合评价结果与地表的实际现状进行综合集成,形成开发适宜性评价结果,分 4 个等级,一等为最适宜开发,二等为较适宜开发,三等为较不适宜开发,四等为最不适宜开发。基于开发适宜性评价结果,结合现状地表分区,划分生态空间、农业空间、城镇空间 3 类空间的适宜区范围。

5.2　资源、环境约束下产业结构优化调整

《促进产业结构调整暂行规定》和《产业结构调整指导目录》中提出，推进产业结构调整是当前和今后一段时期改革和发展的重要任务。在资源有限、环境不断恶化的条件下，本研究通过建立环境与资源为约束条件下的经济效益与环境损失模型，研究并定量分析宁夏产业结构，从而优化产业结构调整。

5.2.1　多目标规划模型

模型的基本框架形式如下。

1）经济效益函数：产值的增长反映经济效益的增长，即可以反映经济发展规模，因此，本研究采用产值最大作为优化目标之一。

2）环境损失函数：包括生态破坏损失及环境污染损失，环境损失要尽可能最小。

3）约束条件分析。

5.2.2　模型中参数

模型数据主要来自《宁夏统计年鉴》《中国统计年鉴》，经统计分析工业总产值，废水、废气和工业固废排放量，二氧化硫排放量，煤炭消耗量等数据，得到如下约束条件及模型计算指标。

（1）约束条件

根据相关算法，得出表 5-2 的约束指标。

表 5-2　约束指标

项目	2020 年	2030 年
工业总产值（亿元）	400.12	480.14
工业废水排放量（万 t）	12 616.86	10 308.89
二氧化硫排放量（万 t）	33.4	30.21
煤炭（万 t）	12 418.1	15 137.65
工业废气排放量（亿标 m^3）	16 539.56	24 482.6
工业固废排放量（万 t）	6 200.46	16 082.4

（2）模型中指标

参考并分析相关研究成果，得到表 5-3 的环境损失系数。

表 5-3　模型中指标

项目	生态破坏损失（元/t）	环境污染损失（元/t）
工业废水	7.18	4.54
SO_2	4800	2000
工业固废	36.92	567.29

（3）其他指标

模型中所采用数据主要来自《2016 年宁夏统计年鉴》《2016 年中国统计年鉴》，经统计分析得到表 5-4 中的系数。

表 5-4　其他指标（2015 年）

行业	能耗系数（t/万元）	工业废水排放系数（t/万元）	废气排放系数（m³/万元）	SO_2 排放系数（t/万元）	工业固废排放系数（t/万元）
煤炭开采和洗选业	5.845 0	3.323 4	2 329.572 5	0.000 6	1.244 2
农副食品加工业	0.022 4	2.698 7	216.992 8	0.000 3	0.230 0
食品制造业	0.849 4	16.260 9	8 677.010 8	0.013 0	0.203 5
酒、饮料和精制茶制造业	0.073 0	4.099 9	1 690.557 6	0.001 4	0.112 7
烟草制造业	0.000 0	0.449 7	165.344 1	0.000 0	0.000 0
纺织业	0.008 0	0.246 7	68.226 4	0.000 1	0.001 7
皮革、毛皮、羽毛及其制品和制鞋业	0.018 3	0.666 5	195.586 4	0.000 3	0.003 2
造纸及纸制品业	1.317 5	191.370 4	48 183.759 8	0.034 2	0.954 9
石油加工、炼焦和核燃料加工业	1.477 8	1.109 0	4 293.405 8	0.002 0	0.009 3
化学原料及化学制品制造业	4.364 4	12.032 0	36 125.433 2	0.021 5	1.146 6
医药制造业	1.750 8	26.665 5	22 359.887 9	0.017 2	0.516 8
橡胶和塑料制品业	0.026 0	1.726 4	1 739.527 3	0.001 2	0.046 7
非金属矿物质制品业	1.390 8	0.103 8	85 411.617 7	0.011 1	0.158 9

续表

行业	能耗系数 （t/万元）	工业废水排放 系数（t/万元）	废气排放系数 （m³/万元）	SO₂排放系数 （t/万元）	工业固废排放 系数（t/万元）
黑色金属冶炼及压延加工业	0.046 9	0.783 1	26 942.589 1	0.007 2	1.481 6
有色金属冶炼及压延加工业	0.065 0	1.218 9	55 451.562 4	0.006 7	0.121 9
金属制品业	0.012 7	2.273 9	6 143.647 4	0.007 0	0.149 5
通用设备制造业	0.011 6	0.225 1	387.633 9	0.000 0	0.007 5
专用设备制造业	0.069 6	0.078 6	1 149.869 1	0.002 1	0.014 0
电气机械及器材制造业	0.016 1	0.075 1	12.940 2	0.000 0	0.000 0
废弃资源综合利用业	0.012 7	0.007 3	399.944 9	0.000 7	0.008 4
电力、热力的生产和供应业	7.016 2	0.184 3	68 695.555 6	0.020 9	2.741 8

5.2.3 模型计算结果

根据统计分析得到的约束量，分别模拟 2020 年、2030 年各行业优化发展情况，从得到的优化结果中选取几组方案，具体见表 5-5 和表 5-6。

表 5-5 2020 年各行业产值

行业	单位	方案一	方案二	方案三
煤炭开采和洗选业	万元	1 397 943	3 106 180	3 308 774
农副食品加工业	万元	3 086 272	2 071 174	3 323 993
食品制造业	万元	164 667.7	2 094 034	2 859 337
酒、饮料和精制茶制造业	万元	2 651 160	2 418 377	1 794 553
烟草制造业	万元	2 288 233	2 613 972	1 153 184
纺织业	万元	2 678 528	759 967.9	3 212 192
皮革、毛皮、羽毛及其制品和制鞋业	万元	559 123.7	2 379 844	3 229 629
造纸及纸制品业	万元	1 008 493	887 185.7	287 481.9

续表

行业	单位	方案一	方案二	方案三
石油加工、炼焦和核燃料加工业	万元	1 833 017	3 830 850	2 079 715
化学原料及化学制品制造业	万元	3 371 067	2 412 733	1 573 686
医药制造业	万元	2 639 234	1 500 356	1 934 646
橡胶和塑料制品业	万元	1 934 391	726 563.2	426 777
非金属矿物质制品业	万元	3 771 572	4 903.36	1 216 825
黑色金属冶炼及压延加工业	万元	2 711 757	601 796.1	1 874 718
有色金属冶炼及压延加工业	万元	3 325 355	528 022.8	347 030.3
金属制品业	万元	82 741.46	2 559 348	1 360 005
通用设备制造业	万元	3 219 764	3 533 948	2 865 758
专用设备制造业	万元	2 423 602	3 048 358	2 396 579
电气机械及器材制造业	万元	259 093.4	2 332 890	810 339.2
废弃资源综合利用业	万元	3 629 083	2 657 579	3 635 671
电力、热力的生产和供应业	万元	2 929 877	109 832.7	428 484.9
总产值	亿元	4 596.5	4 017.8	4 011.9

表 5-6　2030 年各行业产值

行业	单位	方案一	方案二	方案三
煤炭开采和洗选业	万元	1 113 831	2 277 528	2 661 689
农副食品加工业	万元	2 924 342	317 617.3	3 696 410
食品制造业	万元	2 238 717	3 148 027	511 633.3
酒、饮料和精制茶制造业	万元	3 516 475	1 784 252	3 213 161
烟草制造业	万元	3 317 435	2 736 707	3 501 353
纺织业	万元	1 420 590	2 299 914	1 161 765
皮革、毛皮、羽毛及其制品和制鞋业	万元	2 379 542	2 913 592	602 716
造纸及纸制品业	万元	2 148 735	5 388.92	244 012.8
石油加工、炼焦和核燃料加工业	万元	2 349 512	1 909 543	155 951.8
化学原料及化学制品制造业	万元	2 561 705	1 584 111	1 580 660
医药制造业	万元	2 606 805	3 782 711	3 760 742

续表

行业	单位	方案一	方案二	方案三
橡胶和塑料制品业	万元	3 859 133	2 422 657	2 496 628
非金属矿物质制品业	万元	1 937 730	2 720 745	2 502 706
黑色金属冶炼及压延加工业	万元	3 599 909	3 259 151	3 634 674
有色金属冶炼及压延加工业	万元	3 514 713	3 095 291	2 596 257
金属制品业	万元	2 889 175	3 627 154	2 980 362
通用设备制造业	万元	463 891.4	3 557 535	19 041.83
专用设备制造业	万元	1 891 863	3 193 290	3 087 323
电气机械及器材制造业	万元	3 381 818	1 523 802	3 808 530
废弃资源综合利用业	万元	2 592 449	2 904 412	3 420 281
电力、热力的生产和供应业	万元	1 995 877	2 098 282	2 895 574
总产值	亿元	5 270.4	5 116.2	4 853.1

"十三五"期间宁夏各产业按照"总量控制、扶优汰劣、上大压小、等量或减量置换"的原则,限制新建、扩建铁合金、电石等高耗能产业产能,实施强制性能源审计,对不符合环境保护、安全标准的企业坚决关停,为新型工业发展腾出空间。因此,在保证传统的化工、冶金产业发展的同时,调整煤炭、电力等对资源及环境消耗较大产业,努力发展新兴的装备制造业及信息产业。

5.3 资源承载力约束下人口规模计算

5.3.1 土地资源承载力约束下人口规模计算

土地承载力是指土地在不损失或不降低其生态质量的情况下,人类活动对其影响的可接受程度,即对人类活动的强度所能承受的限值。在维持城市自然生态系统稳定和景观格局结构合理的条件下,土地资源对市域内的人口规模、城市规模、城市走向和形态等具有限制性的影响,尤其是对人口规模上限的确定。研究通过将各市、县(市、区)的可承载建设用地建设规模与宁夏回族自治区下达各市、县(市、区)的 2020 年规划调控指标(预下达)进行对比,分析到 2020

年和 2030 年各市、县（市、区）建设用地承载状态。2015 年，全区人均建设用地规模为 465.76 m^2。根据建设用地适宜性评价结果，全区建设用地可承载总规模为 80.49 hm^2。

（1）2020 年承载能力评价

由表 5-7 可知，经计算，2020 年宁夏全区可承载人口为 895.45 万人，还有 227.45 万人的发展空间。银川市可承载人口为 348.42 万人，其中，主城区为 265.74 万人、永宁县为 28.08 万人、贺兰县为 33.9 万人、灵武市为 20.7 万人。石嘴山市可承载人口为 95.69 万人，其中，大武口区为 31.85 万人、平罗县为 32.2 万人、惠农区为 31.64 万人。吴忠市可承载人口为 170.5 万人，其中，利通区为 42.72 万人、青铜峡市为 28.6 万人、盐池县为 27.23 万人、同心县承载 52.5 万人、红寺堡区承载为 19.45 万人。中卫市可承载人口为 127.54 万人，其中，沙坡头区为 38.06 万人、中宁县为 36.7 万人、海原县为 52.78 万人。固原市可承载人口为 153.3 万人，其中，原州区为 40.2 万人、西吉县承载为 41.3 万人、隆德县为 25.56 万人、泾源县为 25.74 万人、彭阳县为 20.5 万人。

表 5-7　2020 年宁夏全区及各市、县（市、区）土地资源承载人口表

地区	县（市、区）	适宜建设土地面积（万 hm^2）	人均建设用地面积（m^2）	承载人口（万人）
银川市	主城区	1.03	258	265.74
	永宁县	0.08	351	28.08
	贺兰县	0.10	339	33.90
	灵武市	0.06	345	20.70
	合计	1.27	323	348.42
石嘴山市	大武口区	0.13	245	31.85
	平罗县	0.10	322	32.20
	惠农区	0.14	226	31.64
	合计	0.37	264	95.69
吴忠市	利通区	0.16	267	42.72
	青铜峡市	0.10	286	28.60
	盐池县	0.07	389	27.23
	同心县	0.14	375	52.50
	红寺堡区	0.05	389	19.45
	合计	0.52	341	170.50

地区	县（市、区）	适宜建设土地面积（万 hm²）	人均建设用地面积（m²）	承载人口（万人）
中卫市	沙坡头区	0.11	346	38.06
	中宁县	0.10	367	36.70
	海原县	0.13	406	52.78
	合计	0.34	373	127.54
固原市	原州区	0.12	335	40.20
	西吉县	0.10	413	41.30
	隆德县	0.06	426	25.56
	泾源县	0.06	429	25.74
	彭阳县	0.05	410	20.50
	合计	0.39	403	153.30
全区	总计	2.89	346	895.45

（2）2030 年承载能力评价

由表5-8，经计算，2030 年宁夏全区可承载人口为 1106.03 万人，还有 438.03 万人的发展空间。银川市可承载人口为 433.67 万人，其中，主城区为 303.8 万人、永宁县为 43.94 万人、贺兰县为 50.4 万人、灵武市为 35.53 万人。石嘴山市可承载人口为 125.41 万人，其中，大武口区为 42.67 万人、平罗县为 44.66 万人、惠农区为 38.08 万人。吴忠市可承载人口为 183.03 万人，其中，利通区为 40.2 万人、青铜峡市为 27.8 万人、盐池县为 33.1 万人、同心县为 55.68 万人、红寺堡区为 26.25 万人。中卫市可承载人口为 168.07 万人，其中，沙坡头区为 57.97 万人、中宁县为 53.4 万人、海原县为 56.7 万人。固原市可承载人口为 195.85 万人，其中，原州区为 53.76 万人、西吉县为 48.36 万人、隆德县为 32.56 万人、泾源县为 32.96 万人、彭阳县为 28.21 万人。

表 5-8 2030 年宁夏全区及各市、县（市、区）土地资源承载人口表

地区	县（市、区）	适宜建设土地面积（万 hm²）	人均建设用地面积（m²）	承载人口（万人）
银川市	主城区	1.24	245	303.8
	永宁县	0.13	338	43.94
	贺兰县	0.15	336	50.4
	灵武市	0.11	323	35.53
	合计	1.63	311	433.67

续表

地区	县（市、区）	适宜建设土地面积（万 hm²）	人均建设用地面积（m²）	承载人口（万人）
石嘴山市	大武口区	0.17	251	42.67
	平罗县	0.14	319	44.66
	惠农区	0.17	224	38.08
	合计	0.48	276	125.41
吴忠市	利通区	0.15	268	40.2
	青铜峡市	0.1	278	27.8
	盐池县	0.1	331	33.1
	同心县	0.16	348	55.68
	红寺堡区	0.07	375	26.25
	合计	0.58	320	183.03
中卫市	沙坡头区	0.17	341	57.97
	中宁县	0.15	356	53.4
	海原县	0.15	378	56.7
	合计	0.47	358	168.07
固原市	原州区	0.16	336	53.76
	西吉县	0.12	403	48.36
	隆德县	0.08	407	32.56
	泾源县	0.08	412	32.96
	彭阳县	0.07	403	28.21
	合计	0.51	392	195.85
全区	总计	3.67	334	1106.03

5.3.2 水资源承载力约束下人口规模计算

根据宁夏各市县（区）2020 年及 2030 年水资源红线指标，计算水资源可承载的人口总数。

5.3.2.1 水资源红线指标分解

（1）2020年红线指标

1）宁夏回族自治区。根据国务院《关于印发实行最严格水资源管理制度考核办法的通知》（国办发〔2013〕2号）及水利部意见，2020年分配给宁夏用水总量指标为73.27亿 m^3；农业灌溉水利用系数达到0.53，万元工业增加值用水量较2015年下降18%。

全区用水总量红线指标为73.27亿 m^3，较2015年增加了0.27亿 m^3，其中，生活用水量为2.92亿 m^3，较2015年增加了0.62亿 m^3；工业用水量为5.80亿 m^3，较2015年增加了1.40亿 m^3；农业（包括生态）用水量为64.55亿 m^3，较2015年增加了0.85亿 m^3。

2）各市县（市、区）。银川市2020年用水总量红线指标为19.35亿 m^3，与2015年持平，其中，主城区为5.00亿 m^3、永宁县为5.31亿 m^3、贺兰县为5.55亿 m^3、灵武市为3.49亿 m^3，均与2015年持平。石嘴山市2020年用水总量红线指标为10.60亿 m^3，与2015年持平，其中，大武口区为1.10亿 m^3、平罗县为6.80亿 m^3、惠农区为2.70亿 m^3，均与2015年持平。吴忠市2020年用水总量红线指标为17.04亿 m^3，较2015年增加了0.14亿 m^3，其中，利通区为5.02亿 m^3，与2015年持平；青铜峡市为7.12亿 m^3，与2015年持平；盐池县为0.90亿 m^3，较2015年增加了0.10亿 m^3；同心县为2.00亿 m^3，较2015年增加了0.04亿 m^3；红寺堡区为2.00亿 m^3，与2015年持平。中卫市2020年用水总量红线指标为13.22亿 m^3，较2015年增加了0.01亿 m^3，其中，沙坡头区为6.10亿 m^3，与2015年持平；中宁县为5.90亿 m^3，与2015年持平；海原县为1.22亿 m^3，较2015年增加了0.01亿 m^3。固原市2020年用水总量红线指标为1.82亿 m^3，与2015年持平，其中，原州区为0.85亿 m^3，与2015年持平；西吉县为0.40亿 m^3，与2015年持平；隆德县为0.19亿 m^3，与2015年持平；泾源县为0.09亿 m^3，与2015年持平；彭阳县为0.29亿 m^3，与2015年持平。

3）独立单元。宁东2020年用水总量红线指标为2.12亿 m^3，较2015年增长了0.28亿 m^3。农垦用水总量红线指标为7.15亿 m^3，较2015年减少了0.10亿 m^3。其他用水总量红线指标为1.97亿 m^3，较2015年减少了0.06亿 m^3。各市县（市、区）2020年用水总量指标情况见表5-9。

表 5-9　2020 年宁夏各市、县（市、区）用水总量控制指标表

（单位：亿 m³）

地区	县（市、区）	2020 年红线指标				与 2015 年相比
		生活	工业	农业（包括生态）	合计	
银川市	主城区	1.03	0.68	3.29	5.00	0.00
	永宁县	0.08	0.14	5.09	5.31	0.00
	贺兰县	0.10	0.18	5.27	5.55	0.00
	灵武市	0.06	0.14	3.29	3.49	0.00
	合计	1.27	1.14	16.94	19.35	0.00
石嘴山市	大武口区	0.13	0.36	0.61	1.10	0.00
	平罗县	0.10	0.17	6.53	6.80	0.00
	惠农区	0.14	0.77	1.79	2.70	0.00
	合计	0.37	1.30	8.93	10.60	0.00
吴忠市	利通区	0.16	0.22	4.64	5.02	0.00
	青铜峡市	0.10	0.51	6.51	7.12	0.00
	盐池县	0.07	0.02	0.81	0.90	0.10
	同心县	0.14	0.03	1.83	2.00	0.00
	红寺堡区	0.05	0.02	1.93	2.00	0.00
	合计	0.52	0.80	15.72	17.04	0.14
中卫市	沙坡头区	0.11	0.32	5.67	6.10	0.00
	中宁县	0.10	0.21	5.59	5.90	0.00
	海原县	0.13	0.02	1.07	1.22	0.01
	合计	0.34	0.55	12.33	13.22	0.01
固原市	原州区	0.12	0.07	0.66	0.85	0.00
	西吉县	0.10	0.02	0.28	0.40	0.00
	隆德县	0.06	0.02	0.11	0.19	0.00
	泾源县	0.06	0.01	0.02	0.09	0.00
	彭阳县	0.05	0.03	0.21	0.29	0.00
	合计	0.39	0.15	1.28	1.82	0.00

续表

地区	县（市、区）	2020 年红线指标				与 2015 年相比
		生活	工业	农业（包括生态）	合计	
独立单元	宁东	0.03	1.86	0.23	2.12	0.28
	农垦	0.00	0.00	7.15	7.15	−0.10
	其他	0.00	0.00	1.97	1.97	−0.06
全区	总计	2.92	5.80	64.55	73.27	0.27

（2）2030 年红线指标

根据《国务院办公厅关于印发实行最严格水资源管理制度考核办法的通知》（国办发〔2013〕2 号），按取水口径分配给宁夏取用水总量 2030 年为 87.93 亿 m^3。2030 年红线指标是在考虑西线调水情况下分配的水量。如果不考虑西线调水，2030 年红线指标与 2020 年情况一致。考虑西线调水情况下，2030 年红线指标有较大程度的增加，具体如下。

1）宁夏回族自治区。全区 2030 年用水总量红线指标为 87.93 亿 m^3，较 2015 年增加了 14.93 亿 m^3，其中，生活用水量为 3.85 亿 m^3，较 2015 年增加了 1.55 亿 m^3；工业用水量为 10.28 亿 m^3，较 2015 年增加了 5.91 亿 m^3；农业（包括生态）用水量为 73.80 亿 m^3，较 2015 年增加了 10.10 亿 m^3。

2）各市、县（市、区）。银川市 2030 年用水总量红线指标为 21.62 亿 m^3，较 2015 年增加了 2.27 亿 m^3，其中，主城区为 7.38 亿 m^3，较 2015 年增加了 2.38 亿 m^3；永宁县为 4.96 亿 m^3，较 2015 年减少了 0.35 亿 m^3；贺兰县为 5.69 亿 m^3，较 2015 年增加了 0.14 亿 m^3；灵武市为 3.59 亿 m^3，较 2015 年增加了 0.10 亿 m^3。石嘴山市 2030 年用水总量红线指标为 12.45 亿 m^3，较 2015 年增加了 1.85 亿 m^3，其中，大武口区为 2.01 亿 m^3，较 2015 年增加了 0.91 亿 m^3；平罗县为 7.09 亿 m^3，较 2015 年增加了 0.29 亿 m^3；惠农区为 3.35 亿 m^3，较 2015 年增加了 0.65 亿 m^3。吴忠市 2030 年用水总量红线指标为 19.71 亿 m^3，较 2015 年增加了 2.81 亿 m^3，其中，利通区为 5.17 亿 m^3，较 2015 年增加了 0.15 亿 m^3；青铜峡市为 7.26 亿 m^3，较 2015 年增加了 0.14 亿 m^3；盐池县为 1.07 亿 m^3，较 2015 年增加了 0.27 亿 m^3；同心县为 3.12 亿 m^3，较 2015 年增加了 1.16 亿 m^3；红寺堡区为 3.09 亿 m^3，较 2015 年增加了 1.09 亿 m^3。中卫市 2030 年用水总量红线指标为 18.20 亿 m^3，较 2015 年增加了 4.99 亿 m^3，其中，沙坡头区为 7.09 亿 m^3，较 2015 年增加了 0.99 亿 m^3；中宁县为 9.17 亿 m^3，较 2015 年增加了

3.27 亿 m³；海原县为 1.94 亿 m³，较 2015 年增加了 0.73 亿 m³。固原市 2030 年用水总量红线指标为 2.34 亿 m³，较 2015 年增加了 0.52 亿 m³，其中，原州区为 0.95 亿 m³，较 2015 年增加了 0.10 亿 m³；西吉县为 0.53 亿 m³，较 2015 年增加了 0.13 亿 m³；隆德县为 0.27 亿 m³，较 2015 年增加了 0.08 亿 m³；泾源县为 0.17 亿 m³，较 2015 年增加了 0.08 亿 m³；彭阳县为 0.42 亿 m³，较 2015 年增加了 0.13 亿 m³。

3）独立单元。宁东 2030 年用水总量红线指标为 4.49 亿 m³，较 2015 年增长了 2.65 亿 m³。农垦 2030 年用水总量红线指标为 7.15 亿 m³，较 2015 年减少了 0.10 亿 m³。其他 2030 年用水总量红线指标为 1.97 亿 m³，较 2015 年减少了 0.06 亿 m³。各市县（市、区）2030 年用水总量指标情况见表 5-10。

表 5-10   2030 年各市、县（市、区）用水总量控制指标表

（单位：亿 m³）

地区	县（市、区）	2030 年红线指标				与 2015 年相比
		生活	工业	农业（包括生态）	合计	
银川市	主城区	1.24	1.05	4.59	6.88	2.38
	永宁县	0.13	0.24	5.09	5.46	−0.35
	贺兰县	0.15	0.27	5.27	5.69	0.14
	灵武市	0.11	0.19	3.29	3.59	0.10
	合计	1.63	1.75	18.24	21.62	2.27
石嘴山市	大武口区	0.17	0.45	1.09	1.71	0.91
	平罗县	0.14	0.47	6.78	7.39	0.29
	惠农区	0.17	0.99	2.19	3.35	0.65
	合计	0.48	1.91	10.06	12.45	1.85
吴忠市	利通区	0.15	0.6	6.41	7.16	0.04
	青铜峡市	0.1	0.12	0.95	1.17	0.37
	盐池县	0.1	0.12	0.85	1.07	0.27
	同心县	0.16	0.13	2.83	3.12	1.16
	红寺堡区	0.07	0.12	2.9	3.09	1.09
	合计	0.58	1.09	13.94	15.61	2.81

续表

地区	县 (市、区)	2030 年红线指标				与 2015 年相比
		生活	工业	农业 (包括生态)	合计	
中卫市	沙坡头区	0.17	0.44	6.48	7.09	0.99
	中宁县	0.15	0.33	8.69	9.17	3.27
	海原县	0.15	0.12	1.67	1.94	0.73
	合计	0.47	0.89	16.84	18.20	4.99
固原市	原州区	0.16	0.13	0.66	0.95	0.10
	西吉县	0.12	0.03	0.38	0.53	0.13
	隆德县	0.08	0.03	0.16	0.27	0.08
	泾源县	0.08	0.02	0.07	0.17	0.08
	彭阳县	0.07	0.04	0.31	0.42	0.13
	合计	0.51	0.25	1.58	2.34	0.52
独立单元	宁东	0.06	4.2	0.23	4.49	2.65
	农垦	0	0	7.15	7.15	-0.10
	其他	0	0	1.97	1.97	-0.06
全区	总计	3.73	10.09	70.01	83.83	14.93

5.3.2.2 承载能力评价

(1) 2020 年

如表 5-11 所示，经计算，2020 年宁夏全区生活用水红线控制指标为 2.92 亿 m^3 时，可承载人口为 871.72 万人，还有 203.72 万人的发展空间。银川市 2020 年可承载人口为 332.96 万人，其中，主城区为 239.76 万人、永宁县为 27.67 万人、贺兰县为 33.66 万人、灵武市为 19.41 万人。石嘴山市 2020 年可承载人口为 97.00 万人，其中，大武口区为 29.71 万人、平罗县为 34.59 万人、惠农区为 33.21 万人。吴忠市 2020 年可承载人口为 172.69 万人，其中，利通区为 44.28 万人、青铜峡市为 30.75 万人、盐池县为 26.42 万人、同心县为 54.48 万人、红寺堡区为 20.42 万人。中卫市 2020 年可承载人口为 124.53 万人，其中，沙坡头区为 35.58 万人、中宁县为 35.58 万人、海原县为 55.83 万人。固原市 2020 年可承载人口为 151.77 万人，其中，原州区为 41.51 万人、西吉县为 42.21 万人、隆德县为 24.50 万人、泾源县为 24.91 万人、彭阳县为 20.42 万人。

表 5-11　2020 年宁夏全区及各市、县（市、区）水资源承载人口表

地区	县（市、区）	生活用水红线 （亿 m³）	人均居民生活 用水量（L/d）	承载人口 （万人）
银川市	主城区	1.03	118	239.76
	永宁县	0.08	79	27.67
	贺兰县	0.10	81	33.66
	灵武市	0.06	85	19.41
	合计	1.27	105	332.96
石嘴山市	大武口区	0.13	120	29.71
	平罗县	0.10	79	34.59
	惠农区	0.14	116	33.21
	合计	0.37	105	97.00
吴忠市	利通区	0.16	99	44.28
	青铜峡市	0.10	89	30.75
	盐池县	0.07	73	26.42
	同心县	0.14	70	54.48
	红寺堡区	0.05	67	20.42
	合计	0.52	83	172.69
中卫市	沙坡头区	0.11	85	35.58
	中宁县	0.10	77	35.58
	海原县	0.13	64	55.83
	合计	0.34	75	124.53
固原市	原州区	0.12	79	41.51
	西吉县	0.10	65	42.21
	隆德县	0.06	67	24.50
	泾源县	0.06	66	24.91
	彭阳县	0.05	67	20.42
	合计	0.39	70	151.77
全区	总计	2.92	92	871.72

（2）2030 年

由表 5-12 可知，经计算，2030 年宁夏全区生活用水红线控制指标为 3.85 亿 m³ 时，可承载人口为 1020.11 万人，还有 352.72 万人的发展空间。银川市 2030

年可承载人口为 372.46 万人，其中，主城区为 257.37 万人、永宁县为 37.65 万人、贺兰县为 42.45 万人、灵武市为 30.11 万人。石嘴山市 2030 年可承载人口为 114.95 万人，其中，大武口区为 38.49 万人、平罗县为 40.55 万人、惠农区为 35.28 万人。吴忠市 2030 年可承载人口为 195.89 万人，其中，利通区为 34.92 万人、青铜峡市为 25.94 万人、盐池县为 31.93 万人、同心县为 51.75 万人、红寺堡区为 23.88 万人。中卫市 2030 年可承载人口为 144.52 万人，其中，沙坡头区为 46.53 万人、中宁县为 45.01 万人、海原县为 53.37 万人。固原市 2030 年可承载人口为 167.14 万人，其中，原州区为 46.88 万人、西吉县为 42.70 万人、隆德县为 27.67 万人、泾源县为 27.67 万人、彭阳县为 23.88 万人。

表 5-12　2030 年宁夏全区及各市、县（市、区）水资源承载人口表

地区	县（市、区）	生活用水红线（亿 m³）	人均居民生活用水量（L/d）	承载人口（万人）
银川市	主城区	1.24	132	257.37
	永宁县	0.13	95	37.65
	贺兰县	0.15	97	42.45
	灵武市	0.11	100	30.11
	合计	1.63	120	372.46
石嘴山市	大武口区	0.17	121	38.49
	平罗县	0.14	95	40.55
	惠农区	0.17	132	35.28
	合计	0.48	114	114.95
吴忠市	利通区	0.15	118	34.92
	青铜峡市	0.1	106	25.94
	盐池县	0.1	86	31.93
	同心县	0.16	85	51.75
	红寺堡区	0.07	80	23.88
	合计	0.58	98	195.89
中卫市	沙坡头区	0.17	100	46.53
	中宁县	0.15	91	45.01
	海原县	0.15	77	53.37
	合计	0.47	89	144.52

续表

地区	县（市、区）	生活用水红线 （亿 m³）	人均居民生活 用水量（L/d）	承载人口 （万人）
固原市	原州区	0.16	94	46.88
	西吉县	0.12	77	42.70
	隆德县	0.08	79	27.67
	泾源县	0.08	79	27.67
	彭阳县	0.07	80	23.88
	合计	0.51	84	167.14
全区	总计	3.67	103	1020.11

5.3.3 资源环境相关指标限制

5.3.3.1 基本原则

1）坚持因地制宜的原则。尊重自然规律和经济规律，从实际出发，因地制宜，针对不同自然条件、资源禀赋、社会经济发展水平和地域差异，统一规划，分类指导，全面推进生态保护和建设。

2）坚持高效利用的原则。以提高用资源效率为核心，加快资源利用方式转变，把厉行节约、高效利用资源放在突出位置，运用工程、技术、经济、法律、行政等综合手段，促进农业节水、工业节水、生活节水，全面建设资源节约型社会，实现宁夏的可持续发展。

3）坚持保护生态的原则。依据《全国生态保护与建设规划（2013–2020年)》《宁夏空间发展战略规划》《宁夏回族自治区主体功能区规划》，统筹规划，协同推进生态保护与建设。坚持节约优先、保护优先、自然修复的方针，妥善处理经济发展与生态保护建设的关系，在保护和建设中求发展，在发展中贯彻和体现保护理念。有效保障河流生态基流、输沙、污染稀释等生态基本用水，退减被挤占的河湖生态用水和超采的地下水，改善生态环境状况，逐步恢复河湖和地下水系统的生态功能，维护河湖健康，促进经济社会发展与人口资源环境相协调。

4）坚持突出重点的原则。根据不同区域的自然生态条件，突出重点、合理布局、量力而行、分步实施，有针对性地采取保护与建设措施。集中人、财、物力，抓好重点流域、重点区域生态保护与建设，加快解决突出生态环境问题。

5）坚持科学发展的原则。广泛利用先进的生态治理科技成果，提升科技含量。生物措施、工程措施与农艺措施相结合，各项治理措施科学配置，山水田林路综合治理，发挥整体效益。

6）坚持党政主导、多方参与的原则。充分发挥组织领导、规划引领、资金引导的作用。建立健全政府主导、市场推进、公众参与的生态保护与建设机制和多元化投入机制，多渠道筹集资金。倡导公众积极参与，引导全民共建共享，形成全社会合力推进的生态保护与建设新格局。

5.3.3.2　资源管控指标分解落实

（1）流域水资源指标

根据宁夏发布的生活用水定额、城镇和农村的人口结构预测各市县（区）的 2020 年和 2030 年综合生活用水定额，《国务院关于实行最严格水资源管理制度的意见》和国务院《实行最严格水资源管理制度考核办法》确定的全区用水效率下降目标和宁夏对 2020 年三条红线的分解成果，预测 2020 年、2030 年各市县（区）万元工业增加值用水量、灌溉水利用系数等效率指标的变化见表 5-13 和表 5-14。

表 5-13　2020 年宁夏全区及各市、县（市、区）水资源强度指标

地区	县（市、区）	人均用水量（m³）	万元 GDP 用水量（m³）	人均居民生活用水量（L/d）	万元工业增加值用水量（m³）	人均灌溉面积（亩）	亩均用水量（m³）
银川市	主城区	499	51	107	41.95	0.43	729
	永宁县	1802	275	72	29.29	2.72	630
	贺兰县	1748	293	74	17.52	2.40	787
	灵武市	1470	265	77	18.73	1.31	929
	合计	966	138	95	30.77	1.03	761
石嘴山市	大武口区	375	37	109	27.47	0.31	422
	平罗县	2555	377	72	11.65	3.00	762
	惠农区	1296	161	105	68.99	1.43	730
	合计	1366	190	95	35.52	1.56	740

续表

地区	县（市、区）	人均用水量（m³）	万元GDP用水量（m³）	人均居民生活用水量（L/d）	万元工业增加值用水量（m³）	人均灌溉面积（亩）	亩均用水量（m³）
吴忠市	利通区	1080	212	90	21.57	1.15	879
	青铜峡市	1860	375	81	49.56	2.00	844
	盐池县	582	87	66	3.44	2.18	253
	同心县	934	391	64	0.00	1.77	472
	红寺堡区	1421	1049	61	27.67	3.25	387
	合计	1257	293	75	24.88	1.90	686
中卫市	沙坡头区	1126	228	77	35.47	1.76	483
	中宁县	2008	438	70	35.70	2.91	677
	海原县	301	156	58	10.12	1.00	271
	合计	1099	305	68	32.15	1.84	520
固原市	原州区	168	39	72	40.48	0.61	145
	西吉县	136	49	59	31.48	0.42	212
	隆德县	112	41	61	53.13	0.39	153
	泾源县	81	27	60	23.61	0.77	48
	彭阳县	149	37	61	38.64	0.53	145
	合计	143	48	64	38.43	0.53	150
独立单元	宁东		51		48.33		
全区	总计	982	171	81	35.12	1.32	593

表5-14 2030年宁夏全区及各市、县（市、区）水资源强度指标

地区	县（市、区）	人均用水量（m³）	万元GDP用水量（m³）	人均居民生活用水量（L/d）	万元工业增加值用水量（m³）	人均灌溉面积（亩）	亩均用水量（m³）
银川市	主城区	442	34	120	35.66	0.38	656
	永宁县	1671	188	86	24.89	2.38	661
	贺兰县	1305	166	88	14.90	2.10	811
	灵武市	1201	165	91	15.92	1.15	836
	合计	786	90	109	26.15	0.90	761

续表

地区	县（市、区）	人均用水量（m³）	万元 GDP 用水量（m³）	人均居民生活用水量（L/d）	万元工业增加值用水量（m³）	人均灌溉面积（亩）	亩均用水量（m³）
石嘴山市	大武口区	366	25	110	22.52	0.27	422
	平罗县	2356	237	86	9.55	2.63	762
	惠农区	1084	114	120	56.57	1.25	730
	合计	1143	133	104	29.12	1.37	740
吴忠市	利通区	792	103	107	18.34	1.01	879
	青铜峡市	1370	235	96	42.12	1.75	886
	盐池县	447	41	78	2.93	1.91	253
	同心县	850	219	77	0.00	1.55	472
	红寺堡区	1420	582	73	23.52	2.85	387
	合计	979	170	89	21.14	1.66	686
中卫市	沙坡头区	858	132	91	29.44	2.23	483
	中宁县	1525	260	83	29.63	3.13	677
	海原县	305	92	70	8.40	1.28	271
	合计	900	188	81	26.68	2.17	520
固原市	原州区	200	27	85	34.40	0.53	145
	西吉县	155	33	70	26.76	0.36	212
	隆德县	137	31	72	45.16	0.34	153
	泾源县	94	19	72	20.07	0.68	48
	彭阳县	177	26	73	32.84	0.47	145
	合计	163	33	76	32.66	0.46	150
独立单元	宁东		35		38.67		
全区	总计	849	106	94	28.79	1.25	591

（2）单位 GDP 的 COD 排放指标

根据 2015 年化学需氧量（chemical oxygen demand，COD）排放量，以及 2005~2015 年减排速率，计算出 2020 年和 2030 年的 COD 排放量控制指标，根据 GDP 的增加速率，预测 2020 年和 2030 年各市县（区）的 GDP 数据。最后，计算出单位 GDP 的 COD 排放量控制指标，具体见表 5-15 和表 5-16。

表 5-15　各排放量 2005～2015 年递减速率

地区	化学需氧量排放浓度	氨氮排放强度	二氧化硫排放强度	氮氧化物排放强度
宁夏	−0.135	−0.173	−0.165	−0.097
银川市	−0.111	−0.151	−0.141	−0.060
石嘴山	−0.101	−0.140	−0.155	−0.089
吴忠市	−0.093	−0.133	−0.154	−0.055
固原市	−0.130	−0.168	−0.162	−0.181
中卫市	−0.106	−0.154	−0.176	−0.126

表 5-16　2020 年及 2030 年单位 GDP 的 COD 排放量

地区	县（市、区）	2020 年			2030 年		
		COD（t）	总 GDP（亿元）	单位 GDP 的 COD 排放量（t/亿元）	COD（t）	总 GDP（亿元）	单位 GDP 的 COD 排放量（t/亿元）
银川市	主城区	1065.48	1206.09	0.88	328.52	2171.45	0.15
	永宁县	69.77	216.58	0.32	21.51	314.40	0.07
	贺兰县	81.48	221.11	0.37	25.12	380.45	0.07
	灵武市	111.43	171.70	0.65	34.36	269.97	0.13
	合计	1328.16	1815.48	0.73	409.51	3136.27	0.13
石嘴山市	大武口区	869.79	243.79	3.57	299.93	486.34	0.62
	平罗县	360.81	200.39	1.80	124.41	334.56	0.37
	惠农区	508.99	195.13	2.61	175.51	326.75	0.54
	合计	1739.59	639.31	2.72	599.85	1147.65	0.52
吴忠市	利通区	286.88	263.82	1.09	108.09	535.54	0.20
	青铜峡市	306.93	210.68	1.46	115.64	332.40	0.35
	盐池县	380.24	101.83	3.73	143.26	249.96	0.57
	同心县	371.40	51.48	7.21	139.93	145.27	0.96
	红寺堡区	331.17	18.85	17.57	124.78	53.82	2.32
	合计	1676.62	646.66	2.59	631.70	1316.99	0.48
中卫市	沙坡头区	670.16	244.14	2.75	218.55	479.27	0.46
	中宁县	428.91	156.32	2.74	139.87	388.92	0.36
	海原县	241.25	72.60	3.32	78.68	198.77	0.40
	合计	1340.32	467.06	2.83	437.10	1066.96	0.41

续表

地区	县 (市、区)	2020 年			2030 年		
		COD (t)	总 GDP (亿元)	单位 GDP 的 COD 排放量 (t/亿元)	COD (t)	总 GDP (亿元)	单位 GDP 的 COD 排放量 (t/亿元)
固原市	原州区	434.49	182.48	2.38	107.94	297.84	0.36
	西吉县	211.79	67.71	3.13	52.61	137.30	0.38
	隆德县	147.25	35.92	4.10	36.58	72.38	0.51
	泾源县	48.24	24.15	2.00	11.99	67.71	0.18
	彭阳县	177.72	65.36	2.72	44.15	138.04	0.32
	合计	1019.49	375.62	2.71	253.27	713.27	0.36
全区	总计	7104.18	3950.13	1.80	2331.43	7381.14	0.32

(3) 单位 GDP 的 SO_2 排放指标

根据 2015 年 SO_2 排放量数据,以及 2005~2015 年减排速率,计算出 2020 年和 2030 年的 SO_2 排放量控制指标,根据 GDP 的增加速率,预测 2020 年和 2030 年各市县(区)的 GDP 数据。最后,计算出单位 GDP 的 SO_2 排放量控制指标见表 5-17。

表 5-17 2020 年及 2030 年单位 GDP 的 SO_2 排放量

地区	县 (市、区)	2020 年 SO_2 (t)	2030 年 SO_2 (t)	2020 年总 GDP (亿元)	2030 年总 GDP (亿元)	2020 年单位 GDP 的 SO_2 排 放量 (t/亿元)	2030 年单位 GDP 的 SO_2 排放量 (t/亿元)
银川市	主城区	1577.14	344.99	1206.09	2171.45	1.31	0.16
	永宁县	103.28	22.59	216.58	314.40	0.48	0.07
	贺兰县	120.60	26.38	221.11	380.45	0.55	0.07
	灵武市	164.94	36.08	171.70	269.97	0.96	0.13
	合计	1965.96	430.04	1815.48	3136.27	1.08	0.17
石嘴山市	大武口区	654.58	121.49	243.79	486.34	2.69	0.25
	平罗县	576.14	106.93	200.39	334.56	2.88	0.32
	惠农区	422.79	78.47	195.13	326.75	2.17	0.24
	合计	1653.51	306.89	639.31	1147.65	2.59	0.27

续表

地区	县（市、区）	2020 年 SO$_2$（t）	2030 年 SO$_2$（t）	2020 年总 GDP（亿元）	2030 年总 GDP（亿元）	2020 年单位 GDP 的 SO$_2$ 排放量（t/亿元）	2030 年单位 GDP 的 SO$_2$ 排放量（t/亿元）
吴忠市	利通区	458.82	86.17	263.82	535.54	1.74	0.16
	青铜峡市	245.11	46.03	210.68	332.40	1.16	0.14
	盐池县	109.42	20.55	101.83	249.96	1.07	0.08
	同心县	236.47	44.41	51.48	145.27	4.59	0.31
	红寺堡区	101.07	18.98	18.85	53.82	5.36	0.35
	合计	1150.89	216.14	646.66	1316.99	1.78	0.16
中卫市	沙坡头区	604.50	87.23	244.14	479.27	2.48	0.18
	中宁县	386.88	55.83	156.32	388.92	2.47	0.14
	海原县	217.62	31.40	72.60	198.77	3.00	0.16
	合计	1208.99	174.46	473.06	1066.96	2.56	0.16
固原市	原州区	231.87	39.60	182.48	297.84	1.27	0.13
	西吉县	97.63	16.67	67.71	137.30	1.44	0.12
	隆德县	54.53	9.31	35.92	72.38	1.52	0.13
	泾源县	35.68	6.09	24.15	67.71	1.48	0.09
	彭阳县	75.04	12.82	65.36	138.04	1.15	0.09
	合计	494.75	84.49	375.62	713.27	1.32	0.12
全区	总计	6474.11	1212.02	3950.13	7381.14	1.64	0.16

（4）单位 GDP 的氨氮化物排放指标

根据 2015 年氨氮排放量数据，以及 2005～2015 年减排速率，计算出 2020 年和 2030 年的氨氮排放量控制指标，根据 GDP 的增加速率，预测 2020 年和 2030 年各市县（区）的 GDP 数据。最后，计算出单位 GDP 的氨氮排放量的控制指标见表 5-18。

表 5-18 2020 年及 2030 年单位 GDP 的氨氮化物排放量

地区	县（市、区）	2020 年氨氮排放量（t）	2030 年氨氮排放量（t）	2020 年总GDP（亿元）	2030 年总GDP（亿元）	2020 年单位GDP 的氨氮排放量(t/亿元)	2030 年单位GDP 的氨氮排放量(t/亿元)
银川市	主城区	690.15	134.28	1206.09	2171.45	0.57	0.06
	永宁县	38.65	7.52	216.58	314.40	0.18	0.02
	贺兰县	63.80	12.41	221.11	380.45	0.29	0.03
	灵武市	39.72	7.73	171.70	269.97	0.23	0.03
	合计	832.32	161.94	1815.48	3136.27	0.46	0.05
石嘴山市	大武口区	184.13	40.75	243.79	486.34	0.76	0.08
	平罗县	76.38	16.90	200.39	334.56	0.38	0.05
	惠农区	107.63	23.82	195.13	326.75	0.55	0.07
	合计	368.14	81.47	639.31	1147.65	0.58	0.07
吴忠市	利通区	100.99	24.24	263.82	535.54	0.38	0.05
	青铜峡市	69.24	16.62	210.68	332.40	0.33	0.05
	盐池县	47.42	11.38	101.83	249.96	0.47	0.05
	同心县	119.78	28.75	51.48	145.27	2.33	0.20
	红寺堡区	48.06	11.53	18.85	53.82	2.55	0.21
	合计	385.49	92.52	646.66	1316.99	0.60	0.07
中卫市	沙坡头区	137.39	28.68	244.14	479.27	0.56	0.06
	中宁县	87.92	18.36	156.32	388.92	0.56	0.05
	海原县	49.47	10.33	72.60	198.77	0.68	0.05
	合计	274.78	57.37	473.06	1066.96	0.58	0.05
固原市	原州区	88.63	14.09	182.48	297.84	0.49	0.05
	西吉县	37.32	5.93	67.71	137.30	0.55	0.05
	隆德县	20.84	3.31	35.92	72.38	0.58	0.05
	泾源县	13.64	2.17	24.15	67.71	0.56	0.03
	彭阳县	28.68	4.56	65.36	138.04	0.44	0.03
	合计	189.12	30.06	375.62	713.37	0.50	0.04
全区	总计	2049.84	423.36	3950.13	7381.14	0.52	0.06

（5）单位 GDP 的氮氧化物排放指标

根据 2015 年氮氧排放量数据，以及 2005～2015 年减排速率，计算出未来

2020 年和 2030 年的氮氧排放量的控制指标，根据 GDP 的增加速率，预测 2020 年和 2030 年各市县（区）的 GDP 数据。最后，计算出单位 GDP 的氮氧排放量的控制指标见表 5-19。

表 5-19　2020 年及 2030 年单位 GDP 的氮氧化物排放量

地区	县 （市、区）	2020 年氮氧排放量（t）	2030 年氮氧排放量（t）	2020 年总 GDP（亿元）	2030 年总 GDP（亿元）	2020 年单位 GDP 氮氧排放量（t/亿元）	2030 年单位 GDP 氮氧排放量（t/亿元）
银川市	主城区	643.29	346.49	1206.09	2171.45	0.53	0.16
	永宁县	42.13	22.69	216.58	314.40	0.19	0.07
	贺兰县	49.19	26.50	221.11	380.45	0.22	0.07
	灵武市	67.28	36.24	171.70	269.97	0.39	0.13
	合计	801.89	431.92	1815.48	3136.27	0.44	0.14
石嘴山市	大武口区	92.43	36.39	243.79	486.34	0.38	0.07
	平罗县	80.12	31.55	200.39	334.56	0.40	0.09
	惠农区	60.17	23.69	195.13	326.75	0.31	0.07
	合计	232.72	91.63	639.31	1147.65	0.36	0.08
吴忠市	利通区	108.39	61.56	263.82	535.54	0.41	0.11
	青铜峡市	57.28	32.53	210.68	332.40	0.27	0.10
	盐池县	21.49	12.20	101.83	249.96	0.21	0.05
	同心县	46.44	26.37	51.48	145.27	0.90	0.18
	红寺堡区	19.85	11.27	18.85	53.82	1.05	0.21
	合计	253.45	143.93	646.66	1316.99	0.39	0.11
中卫市	沙坡头区	82.67	21.50	244.14	479.27	0.34	0.04
	中宁县	52.90	13.76	156.32	388.92	0.34	0.04
	海原县	29.72	7.73	72.60	198.77	0.41	0.04
	合计	165.29	42.99	473.06	1066.96	0.35	0.04
固原市	原州区	19.36	2.63	182.48	297.84	0.11	0.01
	西吉县	8.15	1.11	67.71	137.30	0.12	0.01
	隆德县	4.55	0.62	35.92	72.38	0.13	0.01
	泾源县	2.98	0.40	24.15	67.71	0.12	0.01
	彭阳县	6.27	0.85	65.36	138.04	0.10	0.01
	合计	41.31	5.61	375.62	713.27	0.11	0.01
全区	总计	1494.66	716.08	3950.13	7381.14	0.38	0.10

5.3.4 资源统筹利用措施

5.3.4.1 水资源统筹利用

宁夏现有经济发展速度及经济结构已经接近了其理论意义上水资源的承载力临界值，而且将长期面临经济规模大幅扩张的挑战。因此，必须开源节流，多方提高用水效率，增强水资源承载能力，以防水资源短缺的瓶颈制约宁夏经济发展。

1）改善工业与农业用水方式，提高用水效率。加大对宁夏现有化工等传统产业的改造力度，减少产业的单位 GDP 新鲜水耗，大力倡导节约用水，推广节水技术，发展节水型产业，积极引导耗水量大、水环境污染严重的企业向高科技、节水型企业转型，扶持耗水量小、水环境污染轻的行业和企业；建立污水和工业废水回用系统，提高工业用水循环利用率。农业方面，宁夏人均耕地面积和人均粮食产量明显高于全国水平，粮食自给能力强，大幅度增加灌溉面积紧迫性相对发展经济来说不强。在 2030 年之前，用水总量指标增加困难时，应将优化农业用水结构，合理控制水稻种植面积作为提高水资源承载能力的重要途径。

2）合理开发地下水，积极推广水资源循环与其他水源利用。2015 年国家分配给宁夏地下水开采量为 6.47 亿 m³，2015 年实际开采量仅为 5.13 亿 m³。未来，还有较大的地下水开发利用潜力，这部分水量可以弥补在特枯年地表水减少的供水量。2015 年国家分配给宁夏中水利用量为 0.45 亿 m³，现状仅利用为 0.18 亿 m³。未来，可加大中水等非常规水利用量，用于工业、城市绿化、湖泊湿地等。按中水利用潜力的 50% 考虑，再增加中水利用量 0.40 亿 m³，中水利用量将达到 0.85 亿 m³。因此，2030 年之前水资源总量指标偏紧，应把再生水、微咸水、矿井水、雨洪水等非常规水资源纳入区域水资源配置，制定地表水、地下水、非常规水统一调配方案、应急预案，加大再生水和引黄灌区浅层地下水利用量，可缓解 2030 年部分水资源承载能力处于超载状态的市县。

3）全面加强节水力度。一是优化灌溉方式，加强农业节水。以提高灌溉水利用率和发展高效节水农业为核心，优化调整农业种植结构、改进耕作制度、建设高效输配水工程、推广和普及田间高效节水技术，发展设施农业和优势特色产业，全面提高农业节水水平。因地制宜地发展节水高效农业，集中力量建设一批规模化高效节水灌溉示范区。北部引黄灌区在推广渠道防渗、水稻控灌和小畦灌溉等节水技术的同时，重点推广井渠结合灌溉、微灌等节水灌溉技术。中部干旱带大力发展管道输水，重点推广高效补灌、沟灌、喷滴灌和蓄水池结合管灌输水技术。南部黄土丘陵区充分利用现有水资源，重点推广覆膜保墒、集雨节灌技术。旱作种植区推广点灌、注水灌和窖灌等补灌技术，新开发农田全部实施高效节水灌溉。二是加快产业技术升级，开展工业节水。以战略规划确定的宁东能源化工基地、银川经济技术开发区、石嘴山工业园区等产业园区，以及新能源、新材料等高用水行业为重点，大力推进老工业企业节水改造，新上工业企业全部采取节水新工艺，鼓励工业利用再生水等非常规水资源，推进企业和工业园区循环用水系统建设，促进清洁生产、节水降耗，大幅提高企业水循环利用水平和工业用水重复利用率。推广工业节水技术的同时，合理调整工业布局，加快产业结构调整与经济发展方式转变，严格市场准入、严格控制高耗水工业项目发展建设，通过加强用水管理、节水技术改造等措施，降低单位产品取水量和排污量，积极创建节水型企业，全面提高工业节水水平。三是加大宣传力度，极推进城市生活节水。加快城市供水管网改造，降低管网漏失率，完善城市供水设施。加强监测监管和公共用水管理，大力普及节水器具，逐步规范节水产品市场，创建节水型机关、学校、社区及节水型城市。开展广泛、深入、持久的节水宣传教育，促使全体公民树立正确的用水观念，大力倡导文明的生产和消费方式，增强全社会节水意识，建设与节水型社会相符合的节水文化。四是加强监管力度。积极出台收费政策，加强水资源费的征收，开征或提高污水处理费（包括工业废水和生活污水），促使企业和居民节约用水。扩大取水许可证发放面，加大水资源费征收力度，杜绝企业违法取用水和水资源浪费现象。

4）大力整治地表水污染，健全污水处理设施建设。一是加强黄河支流与湖库水质治理。继续加强黄河、清河及其支流等主要河流水系源头、水库周边的水源涵养林保护与建设，加快水土流失治理，加强森林抚育，提高森林涵养水源能力，保证源源不断的清洁水来源。认真贯彻执行国家和宁夏关于饮用水水源保护等环境保护的法律、法规及饮用水水源保护区的管理规定。切实加强饮用水源的保护，强化饮用水水源地上游及两岸的污染防治和植被保护管理。在发展经济中注意做好林木资源的保护和更新工作，防止水源涵养林的破坏和水土流失。通过清障、疏浚、截污、农业面源污染治理、引配水、生态通道、绿化等措施，加大河网的水环境综合整治力度。二是加快污水集中处理系统建设。在保证现有宁夏区城市污水处理厂正常运行基础上，收集和有效处理城区和周边乡镇生活污水，对于不能纳入城市污水处理系统的乡镇也将根据各地实际建设污水处理系统，减轻纳污水体的压力，改善水环境质量。三是加强工业废水污染控制。在巩固"一控双达标"后工业废水污染源普遍达标排放的成果基础上，对新工业废水污染源加强控制力度，对于废水能进入城市污水处理厂的企业，其废水自行处理达到纳管标准，排入城市污水处理厂集中处理，达标排放。对于废水尚未能进入城市污水处理厂的企业，其废水必须自行处理达到排放标准。工业园区的废水应接入污水处理厂进行统一处理，要加快工业园区的截污管网纳入城市污水处理厂的建设进程。四是加强废水达标排放的长效管理。排污单位必须加强管理，确保污染治理设施稳定运行。宁夏回族自治区环境保护厅和环境监测站要加大工业污染源的现场监察、监测力度，深入开展环境保护有奖举报制度，鼓励公众参与对工业污染源的监督。对故意不正常使用污水处理设施和有偷排行为的企业应坚决予以查处，对不能实现稳定达标的污染源要限期整改。宁夏回族自治区环境保护厅要根据国家、宁夏水污染物总量控制要求，分解总量控制指标，实施水污染物总量控制管理。

5.3.4.2 土地资源统筹利用

严格保护基本农田。一是确保基本农田面积。基本农田保护以稳定地区粮食生产能力为总体目标，以不低于国家下达指标为原则。规划实施时，凡符合条件的重点基础设施项目占用基本农田的，可从预先补划的基本农田指标中直接扣减，不需再补划基本农田，直至预先多划定的基本农田用完为止。二是加强基本农田质量建设。坚持在保护中建设，以建设促保护的基本农田建设与保护思路。划定永久基本农田，建立基本农田保护补偿机制，提高基本农田保护的主动性和积极性。推进基本农田保护示范区和高产农田建设，提高基本农田的质量。

节约集约利用建设用地。一是控制新增建设用地规模。按照区别对待、有保有压和"新增指标保重点，一般项目靠挖潜"的原则，合理安排各类建设用地增量指标，优先支持重点发展用地及工业集聚区用地，重点保障符合产业发展政策和经济发展需求的重点项目用地。强化土地利用总体规划和年度用地计划对新增建设用地规模、结构和时序安排的调控。各类新增建设项目必须严格遵守建设项目用地控制指标，控制新增建设用地规模，尽量不占或少占耕地。二是积极盘活全区现有市县（区）存量建设用地。将盘活挖潜存量土地与新增用地计划指标挂钩，建立激励机制和责任追究机制，促进盘活挖潜工作，鼓励和引导工矿企业通过依法转让、出租、内部调整等途径盘活。三是控制城乡建设用地总规模。按照城乡建设用地增减挂钩原则，坚持最严格的节约用地制度，以城镇化发展水平控制城镇工矿用地规模，引导农村居民点有序归并，提高农村建设用地利用效率，优化城乡用地结构，促进乡一体化发展。

统筹安排生态环境用地。一是加大农田生态环境保护力度。加强农田林网建设，提高农田林网绿化标准，对断带和网格较大的区片进行完善，推进成熟农田防护林更新改造。在河流、水库沿岸宜林地地区建设绿色廊道，构建良好的农田生态屏障。二是继续大力开发农田基本建设，全面推广秸秆还田技术、测土培肥技术及水肥耦合一体化施肥技术，大力推广高效低毒农药和生物源农药，积极治理白色污染，提高粮食综合生产能力和可持续发展能力。三是积极治理水土流失。治理以流域为单元，实行综合整治，通过农田坡耕地改梯田、加强灌溉水源和水土保持工程建设等措施，大力植树造林，减少水土流失，防治土地沙化。在用地预审等环节加强对地质灾害危险性评估工作的审查管理，预防工程建设和规划实施可能引发的地质灾害和对生态环境造成的破坏。四是保障自然保护区等生态用地。优先安排湿地保护区、森林公园、风景名胜区、自然保护区等用地。支持各类规划设立的保护区等生态屏障用地建设。严禁任何不符合功能定位的各类土地利用活动，确保自然文化资源土地利用的原真性和完整性。减少保护区内人类活动的干扰和破坏。应停止一切导致生态功能继续退化的开发活动和其他人为的破坏活动，搬迁在该区已经存在的工矿企业。对已破坏的重要生态系统，要采取科学的生态环境建设措施，实施重建与恢复，遏制生态环境恶化的趋势。支持湿地保护区、自然保护区等建设。五是加快城乡生态环境建设。贯彻环境优先理念，优先保证各市县（区）污水处理厂、垃圾处理场建设用地，加强对污水、废气、固体废物处理，加大对水环境保护力度，改善人居环境；加强建设用地绿化，逐步提高绿地率，推进村庄整治、整合，改善农村居住环境。

保障基础设施用地。要积极完善现有交通网络。加强公路交通设施建设。加强市县（区）公路建设，同时，加强客运站场建设和运输市场管理，提升公路与铁路联运能力。

严格控制耕地流失。一是加强对各类非农建设占用耕地的控制和引导。建设项目选址应加强多方案比较论证，尽量少占或不占耕地。合理引导农业结构调整。合理引导种植业内部结构调整，农业结构调整不得破坏耕作层，确保不因农业结构调整降低耕地保有量。通过经济补偿机制、市场手段引导农业结构调整向有利于增加耕地的方向进行。二是禁止擅自实施生态退耕。严格落实国家生态退耕政策，凡不符合生态退耕规划和政策、未纳入生态退耕计划自行退耕的，限期恢复耕作条件或补充数量质量相当的耕地。三是加大灾毁耕地防治和复耕力度。加强农业基础设施建设，提高农业生产抵抗自然灾害的能力，减少自然灾害损毁耕地数量，对灾毁耕地及时复耕。

加强用地服务。一是优化建设用地供应机制，完善土地市场。优化供地结构。重视供地的计划性、结构性和保障性，确保保障性住房、棚户改造等住房建设用地供应，严格控制大套型住房和别墅类型建设用地。二是加强建设用地报批工作。随着经济建设的发展，宁夏用地需求依然会不断加大。在国家加大对违法用地查处的形势下，全区各级政府必须高度重视建设用地报批工作，要保证在经济快速增长时，做到重点项目特别是国家、全区重点项目合法用地。三是继续深化征地制度改革，维护农民合法权益。探索多种征地补偿安置途径，保障被征地农民利益。建立与经济发展水平相适应的征地补偿调整机制，适时修订征地补偿保护标准，继续完善征收农村集体土地的社会保险和留用地安置政策措施，建立征地"先保后征"工作机制，使被征地农民获得稳定持续的收入来源，保障其长远生计。

守住基本农田红线。守住耕地红线和基本农田红线，是贯彻落实基本国策的根本要求，是农业发展和农业现代化建设的根基和命脉。应该将基本农田的划定与经济社会发展规划、土地利用总体规划、城乡总体规划等相关规划衔接，开展永久基本农田红线、生态保护红线和全区开发边界线"三线"划定工作，严格规划管理和用途管制。基本农田一经划定、实行永久保护的管制措施，除法律规定的国家能源、交通、水利、军事设施等国家重点建设项目选址无法避开外，其他任何建设项目都不得占用永久基本农田要坚持数量与质量并重，严格划定永久基本农田，严格实行特殊保护，扎紧耕地保护的"篱笆"，筑牢国家粮食安全的基石。转变农业发展方式，推进农业现代化，需要设施农业的发展，既要明确其特殊用地政策，又要严格规范用地管理，加强监测督查，对土地违法违规问题动真碰硬、重典问责。地方各级政府要切实负起主体责任，在深化农村土地制度改革、推进新型城镇化过程中，坚定不移实行最严格的耕地保护制度、最严格的节约用地制度，将良田沃土、绿色田园留给子孙后代。

5.3.4.3 能源统筹利用

加快经济转型升级，加大清洁能源利用。一是大力发展现代生态农业和生态工业，夯实生态经济体系基础，积极发展风电、光伏发电和生物质能源等战略性新兴产业，减少对传统能源的消耗和依赖。按照规模化、大型化、一体化的发展模式，以宁东能源化工基地为重点，稳步推进煤炭高效清洁利用。加大焦炭行业结构调整力度，稳步发展大型煤焦化项目。加大煤炭洗选加工比重，减少低热值煤炭运输和原煤直接燃烧利用。二是加快煤电低碳高效发展。应用超临界、超超临界压力和循环流化床等先进发电技术，建设大容量高参数燃煤机组，适时发展以煤气化联合循环发电（integrated gasification combined-cycle，IGCC）技术和碳捕集与封存（carbon captureand storage，CCS）技术为基础的"绿色煤电"新型发电技术。加强节能、节水、脱硫、脱硝等技术的应用，积极采取污废水循环利用，实现清洁高效的能源转换。三是提高煤电利用效率，充分利用宁东能源化工基地余热资源，为大银川都市区提供热源保障。

优化能源消费结构。一是充分发挥宁夏风、光等自然资源优势，坚持资源开发与上下游产业协同发展，积极开发利用风能、太阳能、水能、生物质能、天然气等新能源和清洁能源，与中东地区广泛开展新能源利用技术合作，全面建设国家新能源综合示范区。二是大力发展风电，加快宁东、盐池、中卫、同心、红寺堡、海原等大型风电场建设，加强电网建设，引导风电规模化发展；积极开发利用太阳能，利用荒漠化土地，集中建设盐池、利通、同心、原州等大型光伏电站，积极培育太阳能热利用市场，推广太阳能产品使用，建设太阳能热利用示范区，扩大热利用应用领域；合理开发生物质能，惠农、盐池、中宁、南部山区等秸秆资源丰富地区稳步开发生物质能成型燃料项目，加强农村清洁能源与城市污染物处理系统建设；适度发展抽水蓄能电站，充分发挥水电综合效益，促进水电开发与区域经济、社会、环境协调发展；加强智能电网关键技术和设备的应用，布局适应电动车快充和慢充的配电网，建设适合新能源系统接入的智能电网。三是推行绿色低碳生活方式。以建设低碳生态文明创新城市发展理念，加快建设完善城市现代化综合交通体系，不断提高交通运输领域的能源节约和资源利用水平，优化供热热源方式，大力发展绿色低碳建筑，提倡低碳消费，普及低碳生活方式，清洁高效利用水资源，大力推动建设资源节约型、环境友好型社会。四是紧紧围绕资源节约集约利用，以节能、节水、节地、节材和可再生能源利用集成为重点，严格执行新建建筑节能标准，全面推进既有高能耗建筑改造，加强建筑能耗监管，打造低碳节能的城乡建筑群落。广泛开展绿色生活行动，推广绿色建筑、绿色交通、建设绿色机关、绿色学校、绿色社区。引导城乡居民形成勤俭节约、绿色低碳、文明健康的生活方式，引导绿色低碳出行，引导消费者购买节能环保低碳产品。提倡绿色办公，坚决反对和抵制各种形式的奢侈浪费。把生态文明教育作为素质教育的重要内容，纳入全区基础教育体系和干部教育培训体系。建立生态环保志愿者队伍，动员党员干部、大中学生及社会各界积极参与生态文明建设。五是加快循环经济发展。大力发展以低碳、绿色为主导的循环经济，按照减量化、再利用、资源化的原则，逐步建立全社会资源循环利用体系。加强资源综合利用，全面推行清洁生产，形成低投入、低消耗、低排放、高效率的节约型增长方式。依据生态工业园理论，加快对工业园的改造。扩大清洁高效能源的利用，合理调整煤、电、油、气比重，积极扩大天然气、风能、太阳能、生物质能等清洁能源的开发利用。积极培育再生原料及产品重复利用体系，疏通再生原料及产品的流通渠道。建设大型再生产品交易市场，促进再生产品直接进入商品流通领域，提高资源利用效率。严格制度规范，改进工艺和技术水平，提高水资源重复利用率，最大限度地节约水资源。六是提高资源利用效率。抓住内陆开放型经济试验区建设机遇，利用区域优势，实施节能优先战略，不断优化产业结构，以法规建设为保障，以工业、建筑和交通节能为重点，加强节能管理，提高能源利用效率，建设节约型社会。节能的同时，提高能源安全保障。加快油气输送管网建设，提高油气输送安全。支持西气东输管线，成品油、原油、煤制油气等能源管道实施，保障区域能源需求。加强液化天然气储气库、应急调峰站的建设，提高天然气调峰能力。

6

资源合理利用与生态安全格局构建

区域生态安全格局设计的总体目标是针对当前区域生态环境问题，规划设计区域性空间格局，保护和恢复生物多样性，维持生态系统结构过程的完整性，实现对区域生态环境问题有效控制。针对研究区景观生态格局现状，景观生态格局设计的总体目标就是通过构建景观生态组分，增强区域景观格局与功能空间上的连通性，构筑生态网络，实现生态安全和区域可持续发展。

开展生态系统脆弱性和生态重要性研究对于确定区域生态系统特征、生态系统重要性与生态环境脆弱性空间分异规律，制定主体功能区规划、维护区域生态安全、促进社会经济可持续发展及为决策者和管理者提供管理信息和管理手段都具有重要意义。

通过对宁夏生态系统脆弱性、生态重要性和自然灾害危险性评价表明，宁夏生态环境恶劣、自然灾害频发，大部分地区生态系统属于中、高度脆弱区，主要的生态环境问题有水土流失、土地沙化、土壤盐渍化及水资源贫乏。随着人口增长、社会经济的发展，人类活动强度不断增大，不合理地开发、乱砍滥伐、过度垦殖，使生态环境问题日益突出，导致多种自然灾害的发生和发展，因此，在制定主体功能区规划时，必须充分结合区域内自然条件、主要生态环境问题和空间分布特征、生态环境脆弱性的分布与特点及自然灾害危险性空间分布特征，明确不同主体功能区的生态系统特征、功能、发展方向和生态环境保护目标，为宁夏社会、经济、生态环境协调发展奠定基础。

6.1 生态环境脆弱性评价

生态系统脆弱性是表征区域尺度生态环境脆弱程度的集成性指标，由沙漠化、土壤侵蚀、盐渍化、石漠化四个要素组成，宁夏生态环境问题主要有水土流失、土地沙漠化和土壤盐渍化，因此以前三个要素的脆弱性评价为主。

6.1.1 土地沙化脆弱性评价

6.1.1.1 土地沙化现状

根据宁夏荒漠化监测表明，2015 年宁夏风蚀荒漠化面积为 17 124km²，占宁夏总土地面积的 33%。其中，轻度风蚀荒漠化土地面积为 13 650 km²，中度风蚀荒漠化土地面积为 2277 km²，重度风蚀荒漠化土地面积为 802km²，极强度风蚀荒漠化土地面积为 395km²。宁夏风蚀荒漠化分布见表 6-1。

表 6-1 宁夏风蚀荒漠化分布状况表 （单位：km²）

地区	轻度	中度	重度	极强度
中卫市区	711	467	292	391
中宁县	902	45	85	0
吴忠市区	516	24	0	0
红寺堡区	902	179	0	0
青铜峡市	626	534	0	0
盐池县	4172	386	0	0
同心县	692	319	113	0
大武口区	203	4	0	0
惠农区	523	0	0	0
平罗县	707	53	172	4
银川市区	759	6	0	0
灵武市	2360	236	140	0
永宁县	344	12	0	0
贺兰县	233	12	0	0

宁夏沙化土地总面积为 11 826 km²，其中：流动沙地（沙丘）为 1285 km²，占沙化土地类型总面积的 10.9%，主要分布在中卫、盐池、灵武等地；半固定沙地（沙丘）为 942 km²，占沙化土地类型总面积的 8.0%，主要分布在中卫、盐池、灵武、同心和平罗等地；固定沙地（沙丘）为 6807 km²，占沙化土地类型总面积的 57.6%；主要分布在中卫、盐池、灵武、银川等地；沙化耕地为 1626 km²，占沙化土地类型总面积的 13.7%，主要分布在宁夏中部干旱带；风蚀劣地为 15 km²，占沙化土地类型总面积的 0.1%；戈壁为 1151 km²，占沙化土地类型总面积的 9.7%，主要分布于宁夏北部和贺兰山东麓。

157

由表 6-2 可知，从 1994～2004 年，宁夏荒漠化程度总体由中度和重度向轻度转化，即荒漠化逐步向好的趋势转变。土地沙化变化有以下几个变化趋势。

表 6-2　1994～2004 年土地沙化面积变动统计表　　（单位：km²）

年份	总计	流动沙地	半固定沙地	固定沙地	沙化耕地	风蚀劣地	戈壁
1994	12 356.57	2 068.85	2 334.73	5 314.95	554.03	0	2 084.01
1999	12 080.70	1 839.81	1 553.16	6 171.10	1 336.83	13.29	1 160.49
2004	11 823.28	1 284.57	942.04	6 806.65	1 623.39	12.12	1 151.49

一是宁夏土地沙化面积逐步下降，总体趋势向好，但下降幅度很小，1999～2004 年，宁夏土地沙化面积减少了 257.42 km²，减少幅度为 2.1%。根据本次调查监测期间宁夏通过水利工程使沙化土地进行改造变成非沙化土地面积为 202.3 km²（包括中宁县红寺堡扬水工程固定沙地为农田，永宁县征沙渠沙地变为水田，贺兰山东麓戈壁变为水浇地，灵、盐区域盐环定工程将固定、半固定沙地变为农田），而真正减少的面积仅为 55.12 km²，说明宁夏沙质荒漠化面积在治理过程中还存在破坏。

二是宁夏在土地沙化治理过程中，以林业为主的生态治沙成绩显著。通过表 6-2 中的数据可以看出自 1994～2004 年，宁夏流动沙地、半固定沙地转向固定沙地面积为 632.5km²。而从分项的数据库可以看出五年期间流动沙地面积减少了 552.2 km²，下降了 30.2%，半固定沙地面积减少了 611.1 km²，下降了 39.3%，固定沙地面积 5 年增加了 635.5 km²，增幅为 10.2%，可以看出，宁夏固定沙地，大部分都是由流动沙地半固定沙地通过造、封、飞等造林措施而转换过来的。

6.1.1.2　土地沙化脆弱性评价指标

由表 6-3 可知，土地沙化脆弱性评价利用沙粒（1～0.05mm）面积比重、有机质含量、粗糙度和植被覆盖度来评价，一般分为 4 级，即极度脆弱、高度脆弱、中度脆弱和轻度脆弱。

表 6-3　土地沙化脆弱性分级

脆弱性分级	沙粒（1～0.05mm）面积比重（%）	有机质含量（%）	粗糙度	植被覆盖度（%）	脆弱性等级
流动沙丘	98～99	0.065	0.001	<5	极度脆弱
半流动沙丘	93～98	0.267	0.280	5～30	高度脆弱
半固定沙丘	91～93	0.359	1.600	30～50	中度脆弱

脆弱性分级	沙粒（1~0.05mm）面积比重（%）	有机质含量（%）	粗糙度	植被覆盖度（%）	脆弱性等级
固定沙丘	79~89	0.975	2.330	>50	轻度脆弱

6.1.1.3 土地沙化脆弱性评价结果

根据土地沙化脆弱性评价指标，极度脆弱区主要分布在中卫市西北部的腾格里沙漠边缘、灵武市北部和盐池县的部分地区，这里以流动沙丘为主；高度脆弱区主要分布于中卫市香山的北侧、银川市和平罗县的东侧、灵武市和盐池县的南部，为半流动沙地；中度脆弱区分布在灵武市和盐池县的北部、青铜峡市和中宁县的西面；轻度脆弱区分布在吴忠市利通区的南部、中宁县和同心县北部及香山地区。按县域评价，中卫市、灵武市和盐池县等市县属高度脆弱，中宁县、青铜峡市等市县属中度脆弱，银川市、吴忠市、石嘴山市、平罗县、同心县等市县属轻度脆弱，南部各市县（市、区）属无脆弱。

6.1.1.4 土地沙化的原因、危害情况、治理状况

（1）土地沙化的成因分析

在公元3世纪，宁夏南部是"沃野千里，谷稼殷积，牛马衔尾，群羊塞道"的富庶之地，宁夏北部平原已开田掘渠，发展农耕，开始由荒漠草原为基础的牧业经济转变为灌溉农业与草原牧业相结合的农业经济，生产力大大提高。20世纪50年代初至70年代末，宁夏为解决粮食问题，大规模开荒种粮，荒漠化和沙化范围有所扩大。80年代以来，随着人口的增长，宁夏为了解决群众的温饱问题，在加快经济发展和各项建设的同时，没有很好地处理建设与保护的关系，在经济发展和群众生活水平提高的同时，也带来了对资源的过度开发利用。出现了超载过牧、滥垦滥采等现象，土地资源的无序开发、边治理边破坏的局面仍未得到根本改变。

造成宁夏土地荒漠化和沙化的原因是多方面的。一方面，干旱少雨，生态脆弱。宁夏中、北部风沙区地形平坦，干旱少雨（年干燥度在3.0以上），降水量一般在300mm以下，且年内、年际变率大，旱灾频繁。春季大风和沙暴高发，如宁夏的盐池、灵武、陶乐、中卫及同心、海原等地，一般大于八级的大风日数每年在25天以上。大部分地区土壤沙性重，地表物质干燥，土壤含水率低，加之植被稀疏，极易遭受风蚀。宁夏南部黄土丘陵区，广泛分布疏松黄土，地形起

伏，降水集中且多暴雨，植被覆盖率低，易出现水土流失。

另一方面，土地资源的过度开发利用，也就是人为因素。特别是土地过垦、过牧、过樵、粗放式经营和不合理的灌溉等造成了宁夏土地荒漠化和沙化。据统计，2015 年南部黄土丘陵区，25°（47%）以上的陡坡耕地仍有 130km²，每年 7 ~ 9 月的雨季，水土流失非常严重。在宁夏中北部草原区，农民在降雨稍多的年份，在沙化草地上开垦沙化耕地，干旱年份又随时弃耕。宁夏天然草场面积为 24 000 km²，据测算合理载畜量为 288.6 万个羊单位，而目前草原载畜达 430 万只，超载 50%。有些地方滥挖甘草、搂发菜、打沙蒿、铲草皮，破坏了草原植被。据统计，1978 ~ 1999 年，年平均采挖甘草约 7000t，由此造成的草原破坏面积每年超过 100 km²。2000 年，国务院和宁夏回族自治区人民政府发出了《关于禁止采集和销售发菜制止滥挖甘草和麻黄草有关问题的通知》后，这些现象基本得到遏制，但局部地方由于群众生计无门，仍有采集甘草、发菜的现象。

水资源利用不合理。在水资源紧缺的同时，由于利用不够合理，一方面造成水资源浪费；另一方面也造成部分耕地次生盐渍化。据调查，2015 年宁夏灌溉水的有效利用率只有 40%，每公顷实际灌水量为 0.92 万 t，平均每千克粮食净耗水为 2.5m³，是全国平均值的 2 倍多；有些地方过度开采地下水，造成地下水位下降，地表植被退缩、死亡。

（2）土地沙化的危害

宁夏 2015 年沙化土地面积为 11 826 km²，占宁夏土地面积的 22.8%。经过 50 年的努力，沙化土地进一步发展的态势得到遏制，但局部地区由于乱开垦沙荒地、过度放牧、滥挖野生植物等，土地沙化和草原退化仍有扩大。土地沙化导致沙尘暴频繁发生，据气象部门统计自中华人民共和国成立有气象记录以来，20 世纪 60 年代是沙尘暴发生最频繁的年代，宁夏共发生 587 次，其次是 70 年代，发生 554 次，80 年代和 90 年代是沙尘暴发生次数较少的时期，分别为 369 次和 166 次。沙尘暴造成的危害巨大，如宁夏 1993 年 5 月 5 日的特大沙尘暴，造成 2 万多头牲畜死亡或失踪，近 13 300km² 耕地和草原受害，经济损失达 2.7 亿元。2001 ~ 2007 年共发生沙尘天气 86 次，2007 年以后总体来讲沙尘暴发生的频率呈逐年减少的趋势。另外，土地沙化不仅对农田、草地造成破坏，使产量下降，而且对水利设施、交通设施等也造成危害。

（3）土地沙化的治理

宁夏土地沙化的防治可划分为 3 个阶段：

1）起步阶段（1949 ~ 1977 年）。20 世纪 50 年代初期，宁夏即在不同类型的沙化地区建立了一批国有林场，开展封育保护、植树造林。50 年代中期，中国科学院先后在中卫沙坡头等地建立了沙化防治实验示范基点，开展土地沙化防治的科学研究工作。进入 60 年代，宁夏各级政府先后建立了一大批由当地人民群众参与经营管理的乡、村办林场，在沙化地区形成了星罗棋布的绿色斑点，初步形成了防风固沙防护林带。

2）规模治理阶段（1978~1994 年）。国家陆续启动了"三北"防护林体系工程建设等重点生态工程，使宁夏沙化防治进入了一个规模治理、稳步发展的新阶段，大规模开展了毛乌素沙地、南部山区水土流失地区和北部盐渍化土地综合治理。还先后投资 30 多亿元，建成了固海扬水工程、中卫南山台子扬水工程、盐环定扬黄工程等大型扶贫灌溉工程，新建绿洲面积达 20 万 hm²，把荒漠地区的 20 多万人吸引到灌溉绿洲区，减轻了部分地区的人口压力。

3）综合整治阶段（1995 年至今）。20 世纪 90 年代中期以来，宁夏进一步扩大了治理规模，加大了农林牧综合治理的力度，在中部干旱区开展土地沙化综合治理，营造沙漠绿洲。

6.1.1.5 土地沙化防治的对策

经过长期的探索实践，科技人员对沙化地区的自然、经济及发展趋势，防治利用技术进行了综合、系统、全面地研究，并将科技成果应用到土地沙化防治的实践中，总结出了不同综合防治技术和方法。①"五带一体"固沙技术：通过设置阻沙栅栏、固定草方格沙障、人工种植无灌溉灌草植被带、灌溉条件下的乔灌草植被带和铺设卵石防沙防火隔离带，逐渐形成人工–天然复合生态系统，是铁路沿线治理沙化的有效方法。②防风固沙林营造技术：包括在降水 250~300mm 的干旱流动沙地、半固定沙地实行生物固沙造林技术，流动沙地防风固沙技术，大面积营造柠条、农林牧综合治理沙化土地技术及风沙区防风固沙林带营造技术。③飞播造林技术：在降水量 300mm 以上的干旱草原地带，选择耐旱、抗风蚀、耐沙埋、生长快、自繁力强的沙蒿、沙打旺、杨柴、花棒等灌草植物，在雨季前进行混播，采用封禁与适度利用的方法恢复植被。

6.1.2 土壤侵蚀脆弱性评价

6.1.2.1 土壤侵蚀现状

土壤侵蚀分风蚀和水蚀两大类，2015 年宁夏水土流失总面积为 36 849km²，占全区土地总面积的 71.1%。其中，水蚀面积占 40.3%，风蚀面积占 30.8%。

宁夏南部山区发生水蚀面积占全区水蚀面积的 76%。在水蚀中，轻度水蚀为
7180 km²，中度水蚀为 6172 km²，强度水蚀为 5439km²，极强度水蚀为 931km²，
宁夏无剧烈水蚀地区，具体数据见表 6-4。

表 6-4 宁夏水蚀状况分布表 　　　　（单位：km²）

地区	轻度	中度	强度	极强度	剧烈
原州区	773	233	1260	182	0
西吉县	631	1355	660	101	0
隆德县	234	274	112	0	0
泾源县	200	239	2	0	0
彭阳县	207	716	835	371	0
海原县	948	1187	1909	194	0
中卫市区	1832	331	0	0	0
中宁县	132	18	0	0	0
红寺堡区	345	284	25	0	0
盐池县	368	346	288	51	0
同心县	515	987	348	32	0
大武口区	501	24	0	0	0
惠农区	145	80	0	0	0
平罗县	191	59	0	0	0
银川市区	111	18	0	0	0
永宁县	12	4	0	0	0
贺兰县	35	17	0	0	0

6.1.2.2 土壤侵蚀脆弱性评价指标

土壤侵蚀脆弱性评价是为了识别容易形成土壤侵蚀的区域，土壤侵蚀分为水
蚀和风蚀两类，风蚀脆弱性分布和土地沙化脆弱性分区相一致，因此土壤侵蚀脆
弱性只评价水蚀脆弱性，由表 6-5 可知，评价土壤侵蚀的脆弱等级，可以运用平
均侵蚀模数进行评价，脆弱性可分为 5 级。

表 6-5　土壤侵蚀脆弱性分级

级别	平均侵蚀模数 [t/（km² · a）]	脆弱性等级
剧烈	>15 000	极度脆弱
极强度	8 000 ~ 15 000	高度脆弱
强度	5 000 ~ 8 000	中度脆弱
中度	2 500 ~ 5 000	轻度脆弱
轻度	1 000 ~ 2 500	微度脆弱
微度	<1 000	

6.1.2.3　土壤侵蚀脆弱性评价结果

宁夏土壤水力侵蚀高度脆弱地区主要分布于南部山区，根据土壤侵蚀脆弱性分级指标评价得到以下结论。

1）微度脆弱区：主要分布于冲积平原，植被茂密的土石山地中上部，黄土丘陵的川台地、残塬、梁峁顶部及植被生长良好的林草地，干旱草原区的洼地、缓丘、荒草坡等地带。集中分布在银川平原、清水河川道区及六盘山、罗山、贺兰山林区，微度脆弱区总面积为 12 747.09km²，占黄河流域面积的 24.8%，占全区总土地面积的 24.6%。

2）轻度脆弱区：主要分布在植被生长较好的土石山地中下部，黄土丘陵区地面坡度为 3°~5° 的残塬、川台地、盆掌地、丘陵顶部及人工植被较好区，缓坡农地及平原区，集中分布在风蚀过渡的香山、罗山中低山区和黄土丘陵缓坡地带的中卫市、同心县、海原县等县市以北地区。轻度脆弱区总面积为 8055.75 km²，占全区总面积的 15.55%。

3）中度脆弱区：主要分布在土石山体中下部植被生长较差区、坡耕地、黄土丘陵坡度为 5°~10° 的缓坡地带或植被生长一般区，集中分布在降水量较少的黄土丘陵第五副区、干草原区低山地带、土石山中下部，以同心县、海原县、西吉县为多。该区总面积为 7228.63 km²，占全区总土地面积的 14.07%。

4）高度脆弱区：主要分布于土石山区强风化裸岩、黄土丘陵陡坡耕地、陡坡荒地上，集中分布在黄土丘陵区的海原县、固原市、彭阳县、西吉县、同心县等几个县市。总面积为 4445.57 km²，占全区总土地面积的 8.58%。

5）极度脆弱区：主要分布在黄土覆盖深厚、年降水量在 450mm 左右的黄土丘陵坡耕地、荒坡地带。集中分布在彭阳县北部安家川流域、固原市的双井子沟、同心县的折死沟、海原县的苋麻河流域，总面积 1050.34 km²，占全区总土地面积的 2.03%。

按县域评价，彭阳、西吉、隆德、海原等县为高度脆弱，固原市区和同心县为中度脆弱，中卫市区、泾源县为轻度脆弱，银川市、石嘴山市、吴忠市、贺兰县、永宁县、平罗县、青铜峡市等县市为微度脆弱，中宁县、灵武市和盐池县为无脆弱。

6.1.2.4 土壤侵蚀的成因、特点及治理

(1) 土壤侵蚀的成因

一般土体在水力、风力、冻融和重力等外力作用下，土壤及其母质和表面组成物质被破坏、剥蚀、转运、沉积等，当外力的破坏力大于土体的抗力时，就会发生水土流失，而自然灾害和人为不合理地开发、砍伐等因素是导致水土流失的直接原因，水土流失是二者相互交织作用而产生的。

形成水土流失的自然因素：宁夏是个多山地区，山地面积占全区总面积的 2/3；同时又是世界上黄土分布较广的地区之一。山地丘陵和黄土地区地形起伏，黄土或松散的风化壳在缺乏植被保护情况下极易发生侵蚀。宁夏属于季风气候，3/4 的区域为干旱区，降水量少但比较集中，多出现在每年 7~9 月，雨量达年降水量的 60%~80%，且多暴雨，极易发生水蚀。例如，在南部山区，黄土丘陵区 7°以上的坡地占黄土丘陵的 75%，坡度越大，土壤侵蚀越严重，而且该地区物质主要为黄土和基岩风化物，加上林草等植被盖度低，进一步导致严重的水土流失，破坏了土地的完整性。在中北部地区，土壤沙性，土体干燥，年降水量在 350mm 以下，年蒸发量为 900~1000mm，干燥度为 2~5，多风，年平均大于 5m/s 起沙风 200 次以上，风力侵蚀严重，造成局域土地沙化。

形成水土流失的人为因素有宁夏人口多，粮食、民用燃料需求等压力大，在生产力水平不高的情况下，对土地实行掠夺性开垦，不注重土地利用结构的合理调整，片面强调粮食产量，忽视因地制宜的农林牧综合发展，大量开垦陡坡，以至陡坡越开越贫，越贫越垦，生态系统恶性循环；滥砍滥伐森林，甚至乱挖树根、草坪，树木锐减，使地表裸露，这些都加重了水土流失。另外，某些基本建设不符合水土保持要求。例如，不合理修筑公路、建厂、挖煤、采石等，破坏了植被，使边坡稳定性降低，引起了滑坡、塌方、泥石流等，甚至产生了更严重的地质灾害等。

(2) 宁夏水土流失的特征

1）水土流失面积分布广、侵蚀强度大。全区轻度以上土壤侵蚀面积占全区总面积的 71%，其中 40.3% 的面积以水力侵蚀为主，30.8% 的面积以风力侵蚀

为主。而全区中度以上土壤侵蚀面积占侵蚀总面积的 60.7%。

2）水土流失形态复杂。宁夏年均降水量为 350～500mm，土地资源类型多样、适宜性广。在总面积中山地面积为 8179.4km²，丘陵面积为 19 679 km²，台地面积为 9121.2 km²，平原面积为 13 897 km²，沙漠面积为 923.6 km²，具有土体松软、山丘地多、平原少的特点，其水土流失特点为水力、风力、重力侵蚀并存，其中南部山区以水力侵蚀为主，其水蚀面积占全区水蚀面积的 76%，在不利的自然条件下，加上人为不合理的经济活动，造成水土流失的面蚀与沟蚀都十分严重，据观测，面蚀主要产生在坡耕地上，15°～25°陡坡每年每公顷流失土壤达 75～150t，沟蚀中沟头前进年均 3m 左右，有的甚至一年前进 30 多米；在沟中由于沟底下切，加剧了两岸崩塌、滑塌等重力侵蚀，成为小流域泥沙的主要来源。据黄土丘陵区小流域典型观测，沟壑面积占总面积的 40%～50%，沟壑的产沙量却占总产沙量的 50%～60%；而中北部地区以风力侵蚀为主，大部分气候干旱，年降水量在 400mm 以下，风大风多，其特点主要是风吹沙扬引起沙壤土或沙土的搬运，形成沙垅、沙丘，甚至大面积的荒漠地带；宁夏黄土丘陵与鄂尔多斯台地过渡地带水力风力混合侵蚀强烈。

3）水土流失分布具有地带性规律：水力侵蚀强烈的地区分布在降雨量为 400mm 左右的地区，主要分布在同心县折死沟流域，海原县苋麻河流域、园河流域，原州区杨达子沟、大红沟流域，彭阳县安家川流域，西吉县祖历河、滥泥河流域，盐池县东西川流域等地区。风力侵蚀强烈的地区，主要分布在中卫市沙坡长区腾格里沙漠南缘、盐池、灵武的局部地区。

（3）水土流失的危害及治理

经估算，宁夏因水土流失年输入黄河泥沙达 1 亿 t，流失有机质约 120 万 t，全氮 9 万 t，全磷 25 万 t，按可利用率 20% 计，损失约 1.09 亿元；因干旱造成旱作农田的粮食减产，平均每年 2.28 亿 kg，如按 1995 年的粮价计算，损失将近 4 亿元；山区尚有 44 万人未解决饮水问题，每户每两天拉一次水，每工日按 5 元计算，损失约 0.66 亿元；洪水灾害损失每年约 0.33 亿元；由于水库防洪标准低，以空库迎汛方式运行，每年少蓄水 1.2 亿 m³（按有效库容 1/3 计），损失约 0.12 亿元。

宁夏在治理工作中始终坚持因地制宜，分类指导，以大流域为骨干，以小流域为单元，实行山、水、田、林、草、路综合治理的指导方针。经过多年不断地探索实践，在不同类型区建立了一大批治理规模大、标准高、速度快、效益好的综合治理示范区，走出了一条治山治水、建设生态、脱贫致富、发展经济的成功之路。截至 2003 年底，全区共开展小流域综合治理 330 条，治理水土流失面积为 15 346km²，其中基本农田 4808 km²，造林面积为 6545 km²，种草面积为

3392 km²，建成水保治沟骨干工程 170 座，各类小型水保工程 29.14 万座；2005 年完成治理水土流失面积为 1026 km²；完成基本农田改造面积为 334 km²；人工造林面积为 377 km²；人工种草面积为 314 km²；封禁草场面积为 61 km²；开展小流域治理 43 条；开工建设淤地坝 94 座，完成 74 座。

6.1.3 土壤盐渍化脆弱性评价

6.1.3.1 土壤盐渍化现状

由表 6-6 及根据遥感监测和实地调查数据可知，引黄灌区盐渍化耕地面积为 1479 km²，其中，青铜峡灌区为 1320 km²，卫宁灌区为 159 km²。青铜峡灌区中，银北盐渍化耕地面积为 882 km²，占该灌区耕地面积的 41.2%；银南河西灌区盐渍化面积为 160 km²，占该灌区耕地面积的 17.2%；银南河东盐渍化面积为 278 km²，占该灌区耕地面积的 33.1%。引黄灌区现有盐碱荒地面积为 557km²，其中，青铜峡灌区为 550km²，卫宁灌区为 7km²；青铜峡灌区中，银北盐碱荒地为 523km²，银南河西灌区盐碱荒地为 10km²，银南河东灌区为 17km²。另外，盐池县和同心县盐渍化荒地面积分别为 36.8km² 和 6.7 km²。

表 6-6 宁夏土壤盐渍化现状（2015 年）　（单位：km²）

县（市、区）	轻盐渍化耕地	中盐渍化耕地	重盐渍化耕地	盐碱荒地
惠农区	68.2	15.6	11.1	68.5
平罗县	198.3	72.5	48.4	288.4
大武口	17.8	2.3	16.6	58.4
贺兰县	98.5	73.4	27.7	40.5
银川市	183.6	33.8	8.1	67.4
永宁县	48.3	27.0	3.3	5.7
青铜峡市	49.2	27.4	2.1	2.3
灵武市	99.9	18.6	27.9	10.7
吴忠市利通区	67.2	29.6	34.5	6.0
中宁县	41.2	13.9	1.3	4.4
中卫市	67.1	21.6	11.2	1.5
盐池县				36.8
同心县				6.7

注：盐池县、同心县数据为宁夏回族自治区环境监测中心站遥感数据，其余数据由宁夏遥感测绘勘查院提供。

由 1987 年 3 月 27 日和 2005 年 3 月 29 日遥感卫星影像资料对比可看出，土壤盐渍化现象明显减轻，盐渍化耕地中，中、重盐渍化耕地面积明显减少，盐碱荒地面积减少。2005 年灌区土壤盐渍化调查结果和 1985 年土壤普查相比较，整个灌区土壤盐渍化总体减轻，主要表现在以下方面。

1）土壤盐渍化耕地面积减少。主要表现为耕地面积增加，非盐渍化耕地面积增多；盐渍化耕地面积减少，耕地盐渍化程度减轻——土壤盐分含量减少，地下水位下降，地下水矿化度降低。盐渍化耕地面积由 20 世纪 80 年代的 1637 km^2 减少到 1479 km^2。

2）盐碱荒地面积减少。2005 年土壤盐渍化调查结果表明，灌区盐碱荒地面积明显减少。1985 年土壤普查时灌区盐碱荒地总面积为 933.3 km^2，2005 年灌区盐碱荒地总面积为 556.7 km^2，减少了 396.6 km^2，减少幅度为 41.6%。

3）盐渍化耕地结构变化。中、重盐渍化耕地转化为轻盐渍化耕地趋势明显。与 1985 年相比，轻度盐渍化耕地由 888 km^2 增加到 1409 km^2，占盐渍化耕地面积比重由 54.60% 增加到 63.50%；中度盐渍化耕地由 72.6 km^2 减少到 51.3 km^2，比重由 29.58% 降低到 23.10%；重度盐渍化耕地由 39.7 km^2 减少到 29.7 km^2，比重由 13.16% 降低到 13.40%

6.1.3.2　土壤盐渍化评价指标

由表 6-7 可知，土壤盐渍化脆弱性按照盐渍化类型分级。

表 6-7　土壤盐渍化脆弱性分级指标

土壤盐渍化类型	土壤含盐量（g/kg）	盐斑占图斑面积	地下水埋深（m）	脆弱性等级
盐土	>6.0	>1/2	<1.0	高度脆弱
重度盐渍化	3.3~6.0	1/3~1/2	1.2~1.5	中度脆弱
中度盐渍化	1.5~3.0	1/10~1/3	1.5~1.8	轻度脆弱
轻度盐渍化	<1.5	<1/10	>1.8	微度脆弱

6.1.3.3　土壤盐渍化脆弱性评价结果

盐渍化脆弱区主要分布于引黄灌区，根据盐渍化分级标准，宁夏盐渍化脆弱性分区如下。

1）微度脆弱：宁夏土壤盐渍化微度脆弱区域主要分布在宁夏中、东部地区，如海原县北部、盐池县、同心县、卫宁灌区及贺兰山东麓。主要土壤类型有普通灰钙土、淡灰钙土、新积土、风沙土、普通灌淤土等。该区域地形主要为台地、高阶地、风沙地、洪积冲积平原上部或中部。地下水埋藏较深，一般大于 2m，地下水矿化度多为 1 ~ 3g/L。土壤易溶性盐分含量低，表土含盐量均小于 1.5g/kg。这部分区域土壤只要灌溉合理，一般不会发生土壤盐渍化，但因这部分土壤母质中含有一定的盐分，加之气候干旱，若管理不当，存在着次生盐渍化的威胁。

2）轻度脆弱：宁夏土壤盐渍化轻度脆弱区域主要分布在宁夏引黄灌区南部。主要土壤类型有潮灰钙土、潮土、灌淤潮土、沼泽土、泥炭土、碱土、潮灌淤土等，该区域地形为黄河冲积平原阶地、河滩地、湖泊及交接洼地。地下水位较高，一般为 1.5 ~ 2m，地下水矿化度多为 1 ~ 3g/L，表土易溶性盐分含量多小于 1.5g/kg，少部分土壤表土含盐量为 2g/kg 左右。这部分土壤因其地下水位较高，地下水矿化度也较高，加之气候干旱，蒸发强烈，若耕作灌溉管理不当，极易引起中度土壤次生盐渍化，故这部分区域属土壤盐渍化轻度脆弱区。

3）中度脆弱：宁夏土壤盐渍化中度脆弱区域主要分布在宁夏引黄灌区中部及北部，盐池闭流区和扬黄灌区等地。主要土壤类型有盐化灰钙土、盐化潮土、盐化灌淤土等，该区域地形为黄河冲积平原低阶地、河滩地及交接洼地。地下水位较高，一般为 1.5m 左右，地下水矿化度多为 3g/L 左右，表土易溶性盐分含量为 1.5 ~ 6g/kg。该区域地下水位高，土壤盐分含量较高，地下水矿化度较高，为土壤盐渍化中度脆弱区。

4）高度脆弱：宁夏土壤盐渍化高度脆弱区集中分布在宁夏引黄灌区北部的平罗县，主要土壤类型为盐土。该区域地形为黄河冲积平原局部洼地，地下水位高，一般小于 1m，地下水矿化度多为 10 ~ 25g/L，表土易溶性盐分含量大于 6g/kg。该区域地下水位高，土壤盐分含量高，地下水矿化度大，为土壤盐渍化高度脆弱区。

按县域评价平罗县为盐渍化高度脆弱，贺兰县、银川市、吴忠市、永宁县等市县为中度脆弱，青铜峡市、中宁县、中卫市、灵武市、同心县、盐池县等县市为轻度脆弱，海原县为微度脆弱，南部各县为无脆弱。

6.1.3.4 土壤盐渍化形成的原因

关于银川平原灌区盐渍土的发生机理，第一，由于气候干燥、强烈的蒸发构成了盐分垂直运动的动力；第二，银北平原第四纪沉积物厚达 1009 ~ 1609m，其基底构造不利于地下径流排泄，而潜层表部岩性为二元结构，即上表层为一厚度不等的亚黏土盖层（一般厚为 0 ~ 5m），下表层为岩性单一的深厚砂层；第三，灌溉水的入渗及各级渠系的渗漏补给了地下水，造成水位进一步台升；第四，由于地形平缓，明沟不能深挖，排水不畅，银川平原地势自南向北下降，上游为 1/2000，中游为 1/4000～1/2000，下游为 1/1 2000～1/6000，地下水的矿化度由南向北递增，由 1～3g/L 增加到 10g/L；第五，水稻的不合理布局，如高斗高地种稻、插花种稻、无排水种稻等均对下游盐碱化形成起到了推波助澜的作用。

除银川平原外，在鄂尔多斯台地上的扬黄灌区，尽管地下水位很低（一般在 10m 以下），也发生了土壤次生盐渍化。经冯锐等研究认为其形成机理主要是地形与母质因素导致的结果，指出应避开在无排水出路的丘间低地和红色黏土埋藏 <2.0m 的地区开发扬黄新灌区，从而可避免新灌区建设由于布局不当而带来的巨大经济损失。

6.1.3.5 土壤盐渍化的治理对策

1）农艺技术：宁夏引黄灌区是一个古老的灌区，宁夏人民在长期治理盐碱过程中，积累了丰富的农艺耕作经验，可简要归纳如下。淤，放淤改良；灌，合理灌溉；肥，即增施有机肥和磷肥，以增强土壤对盐碱的缓冲性和作物的抗盐碱能力；翻，当夏作物收获后正值伏天，及时灌水并犁翻土壤，此外，还可于秋后翻地暴晒；轮，即采用稻旱轮作的方式；松，及时松土切断土壤毛管，抑制返盐；种，根据土壤含盐碱轻重，选择适宜的耐盐碱作物；换，铺沙换土或田面铺覆麦文，以改善黏重土壤物理性质，增加土壤有机质数量来抵御盐碱危害。

2）水利工程技术：水利工程技术是 20 世纪 50 年代以来宁夏改良盐碱土所采用的最主要的技术。近 50 年来，水利工程技术走过了五六十年代以明沟为主要排水体系的灌排改良盐碱土技术，70 年代竖井强制抽排技术，80 年代竖井、排水沟结合排水洗盐技术，到 90 年代为止的以明沟为主，同时辅以竖井与暗沟为特征的综合水利工程改良技术。

3）台田法改良技术：台田法改良技术是指在盐渍土上人为抬高田面，相对降低地下水位从而达到抑制土壤返盐的方法。宁夏于 20 世纪 70 年代初在惠农下营子运用此法改良盐渍滩地，目前这些台田已成为当地稳产、高产农田。

4）化学改良技术：化学改良盐碱土技术主要在白僵土的改良中被应用。利用石膏改良白僵土，施入第一年效果不明显，但到第二年石膏处理区较对照区增产21.3%，表明石膏有改良白僵土的效果，但较迟缓。

5）生物改良技术：曾尝试引进东北地区碱茅草改良宁夏盐碱地，对碱茅草在宁夏引黄灌区的适应性、耐盐性，及其改土效果进行了详细探讨，并认为在应用生物材料改良盐碱地时，除了要重视其治理的生态效益外，还应考虑其经济效益大小，这样才有生命力。

6）综合改良技术：综合改良技术指综合运用上述两种以上方法改良盐碱地的技术。自改革开放以来，宁夏先后在平罗沿河、惠农庙台、平罗新丰、平罗六中开展了3项较大规模的涉及农、林、牧等学科的盐碱土综合改良项目。项目以"改土治水"为技术核心，以增强改良区农业生态系统与社会经济系统的综合能力为目标，同时积极发展盐碱土区的林、果、牧、蔬菜等，取得了良好效果。

6.1.4　生态系统脆弱性评价

根据以上单要素分析表明，宁夏生态环境较恶劣，生态系统脆弱，南部山区为水土流失重度脆弱区，中部为土地沙化重度脆弱区，北部为盐渍化重度脆弱区，按照生态系统脆弱性评价的方法，生态系统脆弱性分为极度、高度、中度、轻度和微度5级，宁夏以高度、中度和轻度脆弱为主，具体如表6-8所示。按照主导因素分析法，中卫市城区、灵武市和盐池县属沙漠化脆弱性为高度脆弱，西吉县、彭阳县、海原县属土壤侵蚀（水蚀）高度脆弱，这6个市县生态系统脆弱性评价为高度脆弱；平罗县盐渍化为高度脆弱，但脆弱区面积较小，生态脆弱性评价为中度脆弱。另外，石嘴山市、固原市两市和同心县也属于中度脆弱；宁夏平原各市县得益于黄河灌溉，通过采取人为措施改变生态系统的环境因素和内部结构，形成了独特的、稳定的人工生态系统，形成了人工绿洲生态系统，结构复杂化、有序化，系统功能和环境质量比原自然生态系统大大提高，单因子生态脆弱性多属轻微度，这些市县生态系统脆弱性评价为轻度脆弱；宁夏南部泾源县，气候属温带半湿润区，年降水量为550～700mm，区域内森林茂密，植被覆盖度高，除土壤侵蚀轻度脆弱外，其他类型无脆弱，该县生态系统脆弱性评价为轻度脆弱。

表6-8　宁夏生态系统脆弱性分布

地区	土地沙化脆弱性	土壤侵蚀（水力）脆弱性	土壤盐渍化脆弱性	生态系统脆弱性
银川市区	轻度	微度	中度	轻度
永宁县	轻度	微度	轻度	轻度
贺兰县	轻度	微度	中度	轻度
灵武市	高度	无	轻度	高度

续表

地区	土地沙化脆弱性	土壤侵蚀（水力）脆弱性	土壤盐渍化脆弱性	生态系统脆弱性
石嘴山市区	轻度	微度	中度	中度
平罗县	轻度	微度	高度	中度
吴忠市区	轻度	微度	中度	轻度
青铜峡市	中度	微度	轻度	中度
盐池县	高度	无	轻度	高度
同心县	轻度	中度	轻度	中度
固原市区	无	中度	无	中度
西吉县	无	高度	无	高度
彭阳县	无	高度	无	高度
隆德县	无	中度	无	中度
泾源县	无	轻度	无	轻度
中卫市区	高度	中度	轻度	高度
中宁县	中度	无	轻度	轻度
海原县	无	高度	微度	高度

6.2 生态重要性评价

6.2.1 水源涵养重要性评价

6.2.1.1 水源涵养重要性指标

水源涵养的生态重要性在于整个区域对评价地区水资源的依赖程度及洪水调节作用。因此，可以根据评价地区不同流域级别和不同的生态类型对整个流域水资源的贡献来评价，具体见表6-9。

表 6-9　生态系统水源涵养重要性评价

流域级别	生态系统类型	重要性
一级流域	森林、湿地、草原草甸、荒漠	高、较高、中等
二级流域	森林、湿地、草原草甸、荒漠	较高、中等、较低
三级流域	森林、湿地、草原草甸、荒漠	中等、较低/低

6.2.1.2　水源涵养重要性评价结果

（1）高度重要地区

1）六盘山：属于森林生态系统，包括泾河、渭河、清水河上游流域。年降水量由南到北递减，由 800mm 降至 300mm，年径流深由 300mm 降至 10mm。其间建有沈家河水库、三里店水库、东至河水库、海子峡水库、夏寨水库、西峡水库、店子洼水库、引泾济清工程、海原县水源地、西吉县水源地等重要工程，是固原市 6 县区的城镇水源地与灌溉取水区。

2）贺兰山：贺兰山为南北走向的狭长山体。山体主要由古生界变质岩系，下古生界碳酸岩盐和上古生界碎屑岩组成。年降水量为 200～400mm，年径流深为 10～35mm。大气降水是基岩裂隙水的唯一补给水源。贺兰山为地下水补给区，贺兰山东麓为径流区，湖河积平原为排泄区。贺兰山东麓地下水补给模数为 11.8 万 m^3／（$km^2 \cdot a$），水质良好，为银川市、石嘴山市沿山城镇厂矿的水源地，此外又是东麓农灌生态用水的取水区。

3）罗山：罗山地处荒漠草原与典型草原的过渡带，是荒漠草原上的一座绿岛，也是同心县重要的水源涵养林分布区，年降水量为 300mm 以上，径流深为 10mm 以上，红柳沟、苦水河支流、甜水河发源于罗山，是同心县东部地区 5 乡镇 6 万人、11 万只羊的水源地。

4）香山：山体以碎屑岩为主，年降水量为 220mm，年径流深为 5mm，同心县水源地位于小红沟。

5）引扬黄灌区：农田依靠黄河引扬黄河水灌溉，灌溉水量除满足作物生理、生态需水外，还有一部分水量入渗补给地下水。河套地区地下水补给模数 30 万～50 万 m^3／（$km^2 \cdot a$）。灌区地下水是城镇水源地和农灌取水区的水源，因得益于黄河，区域内湿地分布较多。

（2）较高重要地区

较高重要地区主要分布在宁中干旱风沙区，属草原生态系统，包括卫宁北山、牛首山、烟筒山、米钵山等宁中山地及清水河中游折死沟、双井子沟流域和宁夏中部干旱风沙区，这些地区基本无城市取水和农灌取水功能，水源涵养重要性为较高级别。按县域评价，盐池县、灵武市、同心县和海原县等县市为水源涵养较高重要地区，其他各县市均为高度重要地区。

6.2.2　土壤保持重要性评价

6.2.2.1　土壤保持重要性评价指标

土壤保持重要性评价在考虑土壤侵蚀脆弱性的基础上，分析其可能造成的对下游河流和水资源的危害程度，具体见表6-10。

表6-10　生态系统土壤保持重要性评价

生态系统类型	土壤侵蚀程度	土壤保持重要性
森林生态系统 草原生态系统 草甸生态系统 荒漠生态系统	剧烈	高
	极强度	高
	强度	较高
	中度	中等
	轻度	较低
	微度	低

6.2.2.2　土壤保持重要性评价结果

在对宁夏土壤侵蚀敏感性评价分析的基础上，根据土壤保持重要性分级指标的有关参数，结合宁夏水利部门关于土壤保持"三区"划分确定的重点治理区、预防保护区、重点监督区的范围。将宁夏土壤保持重要性分为高度重要、较高重要、中等重要和较低重要4级。

1）高度重要地区：水土保持"三区"中重点治理区的黄土丘陵沟壑区和干旱草原区是土壤侵蚀脆弱性的高度脆弱地区，由于地形地貌的特殊性，每年因水土流失输入宁夏1~2级河流的泥沙达1亿t，造成水库严重淤积，时刻威胁着下游村庄、道路的安全，在土壤保持重要性分级中为高度重要级别。

2）较高重要地区：土壤保持"三区"中预防保护区的贺兰山、罗山、六盘山、云雾山等土石山区，有着"天然水库"的美誉，仅六盘山林区每年蓄水总量高达 8000 万 t, 相当于一座水库。这些地区都是土壤保持重要性分级中较重要级别, 由于其茂盛的天然植被是很好水源涵养林, 对 3 级河流及周边小城市水体水量的稳定补给发挥着重要作用。

3) 中等重要地区: 中等重要地区主要在重点监督区中的中部宁东煤田、灵武市大部和盐池县西部, 这里是土地沙化高度脆弱区, 是宁夏能源基地, 属于土壤保持中等重要地区。

4) 较低重要地区: 主要位于银川平原, 这里是土壤水力侵蚀轻度脆弱地区, 水土流失危害相对较轻, 但对周边城市水体的正常运行与供给具有重要的作用, 是土壤保持重要性分级中的较低重要级别。土壤保持以保护水土资源, 维护生态平衡为出发点, 通过有效的土壤保持, 不仅可以改善水资源条件, 提高土壤的抗旱能力, 而且还能调节河川径流, 减少洪水和泥沙危害, 增加枯水流量, 以保护农田, 防止和减轻下游地区的旱涝灾害。

按县域评价, 固原市、海原县、彭阳县、西吉县、同心县、盐池县等市县为土壤保持高度重要地区, 泾源县、隆德县、中卫市、中宁县、吴忠市区、青铜峡市、石嘴山市等市县为土壤保持较高重要地区, 灵武市为中等重要地区, 银川平原的银川市区、贺兰县、永宁县和平罗县等市县为土壤保持较低重要地区。

6.2.3 防风固沙重要性评价

6.2.3.1 防风固沙重要性评价指标

防风固沙重要性评价指标见表 6-11。

表 6-11 生态系统防风固沙重要性评价指标

生态系统类型	土地沙化程度	防风固沙重要性
森林生态系统 草原生态系统 草甸生态系统 荒漠生态系统 湿地生态系统	流动沙地	高
	半流动沙地	高
	半固定沙地	较高
	固定沙地	中等

6.2.3.2 防风固沙重要性评价结果

根据生态系统防风固沙重要性评价指标和土地沙化脆弱性分析结果, 宁夏生态系统防风固沙重要性分为高度重要、较高重要和轻度重要。

1）轻度重要地区包括南部山区及黄土丘陵区、中部罗山和北部的贺兰山山区，这些地区生态破坏问题以水蚀为主，无沙化土地。

2）较高重要地区较大，包括引黄灌区和中部的部分干旱风沙区。

3）高度重要地区也是土地沙化脆弱性最强的地区，主要分布在中部干旱带，包括腾格里沙漠和毛乌素沙地边缘的广大地区。

按县域划分，盐池县、灵武市和中卫市区为防风固沙高度重要地区，石嘴山市、银川市、平罗县、贺兰县、永宁县、青铜峡市、吴忠市、中宁县、同心县等市县为防风固沙较重要地区，南部山区的固原市、海原县、西吉县、彭阳县、泾源县、隆德县等市县为防风固沙轻度重要地区。

6.2.4 生物多样性维护重要性评价

据《宁夏植物志》记载，宁夏全区蕨类植物、裸子植物、被子植物有1839种，且主要分布于贺兰山和六盘山，其分布植物种类占全区植物种类的40%以上，有天然植物物种资源"宝库"和"基因库"之称。其中，有药用植物917种，重要的有枸杞、甘草、麻黄、柴胡、锁阳、党参、黄芪等，一些野生药用植物如甘草、麻黄等由于土地不断开发及乱采滥挖，其天然分布区逐步缩小，数量缩减。

据《宁夏脊椎动物志》记载，宁夏有各类脊椎动物415种，占我国3100种脊椎动物（不含海鱼）的13.34%，其中有国家一级保护动物8种，二级保护动物43种。由于不合理开发和人类活动加剧，野生动物的栖息地遭到破坏，如豹、黄羊的野生种群锐减甚至濒临灭绝。而偷捕滥猎使一些有重要经济价值的野生动物如麝等的数量急剧下降。

6.2.4.1 生物多样性维护重要性指标

生物多样性维护重要性评价见表6-12。

表6-12 生物多样性维护重要性评价指标

生态系统或物种占全省物种数量比	重要性
优先生态系统，或物种数量比为 > 30%	极重要
物种数量比为15% ~30%	重要
物种数量比为5% ~15%	中等重要
物种数量比为<5%	不重要

6.2.4.2　生物多样性维护重要性评价结果

根据生物多样性维护重要性评价指标，宁夏生物多样性维护重要性分为两级，即极重要地区和重要地区。

极重要地区较广，包括六盘山区、贺兰山区、黄河两岸及沙湖等湿地。这是由于宁夏特殊的地理位置和复杂的生态环境决定了其生物多样性保护重要地区很广，六盘山地区、罗山、贺兰山、沙坡头、沙湖及黄河两岸都是生物多样性保护的极重要地区；目前这些地区大部分已建立了不同级别的自然保护区，开展了生物多样性的抢救性保护工作。重要地区主要分布在中部干旱风沙区。

按县域评价，石嘴山市、银川市、平罗县、贺兰县、永宁县、青铜峡市、吴忠市、中宁县、同心县、固原市、海原县、西吉县、彭阳县、泾源县、隆德县等市县为生物多样性维护高度重要地区，盐池县、灵武市、同心县、中卫市区为生物多样性维护重要地区。

6.2.5　生态重要性评价

根据以上单要素分析表明，如表6-13所示，由于宁夏生态环境较恶劣，大部分地区生态重要性评价为高度或较高重要级别，按照生态系统重要性评价的方法，生态重要性程度划分为重要性高、重要性较高、重要性中等、重要性较低和不重要五级，宁夏以重要性高和重要性较高为主。

表6-13　宁夏生态系统重要性县域分布

地区	水源涵养重要性评价	土壤保持重要性评价	防风固沙重要性评价	生物多样性维护重要性评价	生态重要性评价
银川市区	高	较低	中等	高	重要性高
永宁县	高	较低	中等	高	重要性高
贺兰县	高	较低	中等	高	重要性高
灵武市	较高	中等	高	中等	重要性较高
石嘴山市区	高	中等	中等	高	重要性高
平罗县	高	较低	中等	高	重要性高
吴忠市区	高	中等	中等	高	重要性较高
青铜峡市	高	中等	中等	高	重要性高
盐池县	较高	高	高	中等	重要性高

续表

地区	水源涵养 重要性评价	土壤保持 重要性评价	防风固沙 重要性评价	生物多样性维护 重要性评价	生态重要性评价
同心县	较高	高	中等	中等	重要性较高
固原市区	高	高	无	高	重要性高
西吉县	高	高	无	高	重要性高
彭阳县	高	高	无	高	重要性高
隆德县	高	中等	无	高	重要性高
泾源县	高	中等	无	高	重要性高
中卫市区	高	中等	高	中等	重要性高
中宁县	高	中等	中等	高	重要性较高
海原县	较高	高	无	高	重要性较高

6.3 自然灾害危险性评价

6.3.1 山洪灾害危险性评价

通过普查与统计，宁夏共有符合山洪灾害防治划分标准的小流域213个，流域面积为3.24万km²，其中以溪河洪水灾害为主的小流域有101个，以泥石流灾害为主的小流域有47个，以滑坡灾害为主的小流域有23个，三类灾害发生程度相近的小流域有42个。按面积统计，100km²以下的小流域共有39个，100km²以上的小流域共有174个。

6.3.1.1 山洪灾害现状

(1) 山洪灾害的区域分布

由于贺兰山区山体形成的特殊地理地质构造，银川市、石嘴山市山高坡陡沟谷发育，坡降大，一般都在1/500～1/26。植被稀疏，覆盖率低，山石裸露，风化重，土层薄，沙性大，涵蓄水能力差，是造成山洪猛烈的重要原因。在每年的汛期（7～9月），山区降水量大，在沟谷及洼地的水源较丰，在雨量集中的时候，其间表土层易出现含水层饱和，下渗量小于降水量，陆地表面则出现产流，形成山洪。

（2）山洪灾害的特点

山洪灾害是指由于降雨在山丘区引发的洪水灾害及由山洪诱发的泥石流、滑坡等对国民经济和人民生命财产造成损失的灾害。由于山丘区洪水来势猛、涨水快、流速快、冲击破坏力大，洪水过后造成房毁、路毁、桥毁、田毁，是一种毁灭性灾害。特别是进入 20 世纪 90 年代以来，山洪灾害越发频繁，损失越来越大，有显著加剧的趋势，严重影响宁夏经济发展。总的来看，宁夏的山洪灾害主要有发生的季节性强、区域特征明显、易发性和突发性强、预报预测预防难度大、破坏性强、损失大及灾后恢复困难等特点。

（3）山洪灾害损失

山洪灾害是指由于降雨在山丘区引发的洪水灾害及由山洪诱发的泥石流、滑坡等对国民经济和人民生命财产造成损失的灾害。

由于宁夏地形复杂，降雨时空分布不均，汛期山洪暴发，造成局部地区洪水泛滥，并引发山体滑坡、泥石流，冲毁交通、水利、通信等基础设施，造成大片农田、村庄、乡镇被淹，对国民经济和人民生命财产造成危害。尤其是近年来随着气候的变化，人类开发活动的增加，各种人为影响加剧，山洪灾害及其诱发的各种其他灾害急剧增加，使灾害的范围、频次、危害程度呈现逐步扩大的趋势。据不完全统计，仅 1998～2003 年，宁夏全区共发生山洪及其诱发的滑坡、泥石流等山洪灾害 48 起，因灾害死亡人口为 53 人，直接经济损失达 3.17 亿元。通过对宁夏历年山洪灾害损失的调查分析，可以看出：宁夏山洪灾害受灾人口、死亡人数及直接经济损失逐年增加，并且还有不断扩大的趋势，山洪灾害的防治已是迫在眉睫，刻不容缓。宁夏 1950～2002 年山洪灾害损失见表 6-14。

表 6-14　宁夏回族自治区 1950～2002 年山洪灾害损失表

年份	受灾面积（km²）	受灾耕地（亩）	受灾人口（人）	死亡人数（人）	直接经济损失（万元）（当年价）		
					农村	城镇	合计
1950	160.40	65 645.0	3001	4	298.22	0.3	298.52
1951～1960	9 971.83	2 227 193.0	489 920	61	5 506.85	420.60	5 927.45
1961～1970	7 358.78	1 281 000.0	479 484	154	15 141.23	1 031.7	16 172.93
1971～1980	8 286.07	3 572 152.2	547 360	114	18 377.59	1 176.6	19 554.19
1981～1990	15 273.56	9 511 461.0	2 198 248	103	27 226.75	263.9	27 490.65
1991～2000	16 805.89	6 026 020.2	2 333 616	205	74 623.59	12 143.0	86 766.59
2001～2002	1 949.09	982 232.0	292 143	20	10 432.61	141.0	10 573.61
合计	59 805.63	23 665 703.4	6 343 772	661	151 606.84	15 177.1	166 783.94

6.3.1.2 山洪灾害成因

山洪灾害的发生主要与气象、地形地貌和人为因素等有关。导致山洪灾害发生的因素有很多,主要有暴雨、地形和人类活动等。而突发性的暴雨是造成山洪灾害的主要因素,暴雨形成也就是洪水灾害形成的主要原因,再加之人为因素、地形地貌的影响,更促成了山洪灾害的发生。

(1) 降水是引发山洪灾害的最直接原因

由于特殊的地形地貌,山洪灾害绝大多数是由山区洪水引发的。暴雨是引起山洪的主要原因。一次高强度的暴雨,降水速度远大于土壤入渗速率,降水来不及入渗即产生地表径流。地表径流从坡面到沟道不断汇聚,产生山洪,危及人民生命财产安全。

宁夏暴雨洪水一般可分为以下三类。

1) 大面积暴雨洪水:暴雨笼罩面积大,100mm暴雨笼罩面积达0.1万~0.2万 km²,降雨历时>12h,强度不很大,对集水面积较大、造峰历时长的河流,能产生峰高量大具有一定危害的洪水,但在宁夏较为少见。

2) 局部暴雨洪水:暴雨笼罩面积中等,100mm暴雨笼罩数百平方千米,主雨历时1~6h,暴雨中心往往漏测,雨量点面折减系数大,宁夏多数暴雨洪水属此种类型。

3) 局地暴雨洪水:暴雨笼罩面积小,100mm暴雨笼罩数十甚至数百平方千米,历时1h左右。有时雨量达不到50mm暴雨标准,主雨集中在二三十分钟,雨强大,也能产生峰高量小的洪水,这类暴雨洪水在宁夏可占相当比重。

宁夏暴雨一般集中在每年的6~9月,但主要集中在7月、8月。北部干旱、半干旱地区暴雨发生季节性明显多于南部半湿润地区,暴雨量级大的季节性明显多于量级小的暴雨。根据对宁夏301场暴雨分析:暴雨发生次数南部多于北部,山地多于丘陵、平原。六盘山、贺兰山海拔分别为3000m和3500m,均为宁夏暴雨多发区。宁夏暴雨历时一般不超过24h,且南部较北部长。主雨历时一般在6h左右,≤3h较多,≥12h较少。宁夏由暴雨引发的洪水具有干旱、半干旱及黄土丘陵区的特点:洪水峰量不大、次数少、洪水暴涨暴落、历时短、峰型尖瘦、含沙量大。宁夏洪水一般为单峰型,复式峰很少,三峰更少,这与暴雨历时短、笼罩面积小、雨量点面递减快、局部面积产汇流有关。

(2) 植被覆盖率低,水土流失严重

山洪灾害易发区地表植被稀疏,覆盖率低,且水土流失严重,有助于山洪灾害的形成。一旦突降暴雨形成洪水,其形成的洪峰、洪量大,含沙量大,更加剧了山洪灾害的发生。山洪灾害的发生必须有坡降较大的地形条件，宁夏山洪灾害发生区的河沟纵坡大，河水流速大，产生的洪水危害也大。

（3）人类活动的影响

随着经济社会的发展，人们受到经济利益的驱动，一些企业、单位、个人或农民则利用山洪沟连续多年干涸无水而将部分山洪沟挤占或挪用，成为废弃料集散地或填平复耕，忽视或降低了对山洪灾害的防范意识和对自然生态环境的保护意识。

在产业结构上没有进行长远合理规划。在山中或山前坡地自然超载放牧，或乱挖乱采，开采后又不及时回填和治理，破坏了自然植被，使本来就脆弱的生态环境得不到保护而逐渐退化，不仅增加了生态环境恢复的难度，而且为风蚀、雨蚀而产生水土流失创造了条件，长期下去形成一种恶性循环，一方面干旱少雨，另一方面却因暴雨而泛滥成灾。

（4）防洪工程少，水库调蓄能力差

由于多方面因素，山区防洪工程很少，且所建水库多以灌溉为主。近年来，水库淤积严重，滞洪、削峰能力降低。

（5）防洪意识淡薄

群众对洪水灾害缺乏足够的重视，村庄、住宅随意侵占行洪河道，使河道行洪能力降低，引发洪水灾害。

6.3.1.3 山洪灾害危险性评价

根据宁夏山洪灾害小流域普查的符合山洪灾害防治划分标准的小流域及河流特征情况，结合宁夏≥25mm降水分布特征（1971~2000年宁夏气候整编资料），计算出各县（市、区）山洪灾害危险性指数见表6-15。

表6-15 各县（市、区）山洪灾害危险性指数

县（市、区）	山洪灾害危险性指数
石嘴山市	0.52
平罗县	0.51
贺兰县	0.27
银川市	0.57
永宁县	0.32
灵武市	0.87

续表

县（市、区）	山洪灾害危险性指数
青铜峡市	0.64
吴忠市	0.45
盐池县	1.46
同心县	1.84
中卫市	0.97
中宁县	0.89
海原县	2.38
西吉县	1.78
固原	1.85
隆德县	0.44
泾源县	2.12
彭阳县	2.30

根据各县（市、区）山洪灾害危险性指数及宁夏山洪灾害实际分布分析，山洪危险性指数>2为山洪危险性极大，涉及泾源县、海原县、彭阳县及贺兰山沿山地区，山洪危险性指数大1~2为山洪灾害危险性大，涉及西吉县、固原市、盐池县、同心县等市县，山洪危险性指数0.5~1为山洪灾害危险性较大，涉及石嘴山市、平罗县、银川市、灵武市、青铜峡市、中卫市、中宁县等市县，山洪危险性指数<0.5为山洪灾害危险性略大，涉及永宁县、贺兰县的非沿山地区、吴忠市和隆德县等市县。

6.3.2　地质灾害危险性评价

宁夏地质条件和地理条件十分复杂，北部为贺兰山山地和银川平原；中部为灵盐台地、宁中为山地与山间平原；南部为黄土丘陵和六盘山山地。黄河穿卫宁盆地和银川盆地向北出宁夏境，清水河纵贯宁南黄土丘陵区。地形上处于我国第二阶梯与第三阶梯的过渡带。在构造上处于青藏高原东北缘与华北台地的结合部位，新构造运动活跃，中、强震频发。地形变化大，地质条件复杂，气候条件在时间、空间上差异很大，自然环境恶劣，这样的自然条件决定了宁夏是一个地质灾害多发的地区之一。

6.3.2.1 地质灾害现状

(1) 宁夏主要地质灾害类型及分布

宁夏地质灾害主要有崩塌、滑坡、泥石流、地面塌陷等。据不完全统计，近年来共发生崩塌、滑坡、泥石流、地面塌陷等地质灾害 102 起，死亡人数为 86 人，经济损失达 11 242 万元，主要发生于彭阳县、西吉县、海原县、原州区、平罗县、青铜峡、石嘴山市、盐池县等 8 县（市、区），发生次数最多的县是平罗县、海原县，造成经济损失相应的也最大，死亡人数最多的县是平罗县、彭阳县。近年已发生的地质灾害中死亡人数最多的一次是在 1996 年 7 月 27 日，发生于彭阳县红河乡黑牛沟村的滑坡，造成村民居住区毁灭，23 人死亡，7 人受伤，直接经济损失达 50 多万元。地质灾害造成经济损失最大的是 1997 年发生于平罗县崇岗镇汝箕沟矿区的泥石流地质灾害，造成 6 人死亡，经济损失达 1000 万元。由此可见，宁夏地质灾害给人们生命和财产造成的损失是相当大的，不可轻视，应采取措施，加以防范。

1）崩塌。宁夏崩塌灾害主要有危岩体崩塌、河岸崩塌和黄土丘陵区的冲沟沟岸崩塌 3 种类型。

危岩体崩塌主要发生在矿山，受地质构造及风化作用的影响，岩体本身破碎程度严重。采矿爆破强烈震动及地下采空区塌陷，使破碎的岩体扰动，形成岩体，其下部失去支撑时即诱发崩塌灾害。此类崩塌灾害以石嘴山煤矿区较为严重；其次是建筑材料矿区，也不同程度地存在崩塌灾害隐患，如在青铜峡市河东牛首山建筑材料采矿区存在崩塌隐患。

河岸崩塌主要发生在灵武至银川段黄河沿岸，据调查，该段黄河严重塌岸 12 处，总长度超过 30km。黄河塌岸导致岸上农田被毁，房屋倒塌，黄河塌岸距建成区最近处仅 500m 左右，年塌岸最大宽度曾达 120m。

宁夏中、南部广大黄土丘陵区地形破碎，冲沟发育，水土流失十分严重。溯源侵蚀强烈，冲沟沟岸崩塌随处可见，但规模一般不大。

2）滑坡。滑坡主要发生在宁夏南部黄土丘陵区，多为土质滑坡，尤以下伏第三系泥质岩层、上覆薄层黄土且地形切割严重的地段最发育，地面切割系数为 15% ~20%，切割深度为 10 ~200 m。冲沟发育，沟谷密度为 10 ~ 15 km /km²。另外，1920 年海原大地震的强烈影响，使南部山区的很多地区的土体结构遭严重破坏，甚至变得较松散，形成的部分老滑坡仍不稳定，存在一些新的滑坡隐患。

据不完全统计，仅彭阳县、原州区、海原县、西吉县存在滑坡隐患的特重、较重灾害点就有 198 个。滑坡已成为宁夏南部黄土丘陵区分布最广，危害最严重的地质灾害。例如，1996 年 7 月 27 日发生在彭阳县红河乡黑牛沟村庙湾组的滑坡，滑坡体长为 300m、宽为 1000m，体积达 $4400 \times 10^4 \text{m}^3$，形成近 100m 高的滑坡壁，酿成整个自然村被毁，23 人死亡的悲剧。

宁夏滑坡灾害的形成主要是内、外动力地质作用共同作用的结果。此外，滑坡的形成还与水文、气象因素有关。大气降水在滑坡的形成过程中一方面起到滑移面形成的作用，另一方面对处于极限平衡状态的斜坡起到滑坡形成诱发作用。一般降雨在前期使土体增重，破坏土体抗剪强度，后期降水起到滑坡诱发作用。

3）泥石流。泥石流的形成必须同时具备 3 个基本条件，即有丰富的松散固体物质条件，有利于贮积、运移和停淤的地形地貌条件，短时间内提供充足的水源条件。宁夏泥石流形成的主要诱发因素为暴雨。

宁夏境内的泥石流绝大多数是在纵坡较陡的沟床中的松散碎屑堆积物由洪水冲刷作用下形成的。具体来说，①宁夏山丘区地势高峻、地形陡峭、沟谷比降大，是泥石流形成的主要地貌条件。②泥石流形成区内有大量易于被水流侵蚀冲刷的疏松土石堆积物，是泥石流形成的最重要条件。③水是泥石流的重要组成成分，又是泥石流的激发条件和搬运介质的基本动力。④泥石流的形成必须有强烈的地表径流，强烈的地表径流是爆发泥石流的动力条件。

宁夏泥石流灾害比较严重，南部黄土丘陵区、中部灵武丘陵台地地区、北部贺兰山东麓均有泥石流分布。①南部黄土丘陵区植被覆盖率低，水土流失严重，暴雨条件下洪水携带大量泥沙形成稀性泥流，在丘陵区外缘冲沟沟口部位堆积造成危害；②中部灵武东山丘陵台地区冲沟下游沟岸多由松散的砂、砂砾石构成，冬春季沟床被风沙掩埋，至汛期洪水侵蚀，泥沙俱下，往往形成稠性泥流；③北部贺兰山东麓山高谷深，表层岩体破碎，加之采矿形成的固体废弃物不合理堆放，暴雨条件下形成水石流。在贺兰山东麓镇北堡一带，近年已成为银川地区建筑用砂、砾石主要开采地之一，随着开采时间的延长，开采量的增加，采沙坑日益增大，废弃物越堆越多，致使该地段很难形成的脆弱地表植被遭到严重破坏，采矿废弃物将成为形成泥石流的固体物质来源，使其地质环境遭到破坏。

4）地面塌陷。采煤形成采空区而导致的地面塌陷发生在石嘴山市煤矿区、盐池县冯记沟煤矿区和彭阳县王洼煤矿区。采煤形成采空区而导致地面塌陷。石嘴山市煤矿塌陷区中心位于石嘴山二矿，塌陷区长约 800m，宽为 800～1450m，面积约为 6.97km^2，塌陷边界在开采边界外为 100～300m，塌陷区地面裂缝宽可达0.6m，深为5~7m。塌陷区外围地表亦有变形。塌陷区民房墙体裂缝倾斜，穿越塌陷区的公路、铁路高出塌陷地面2.2m左右，仅1972~1989年维护铁路专线回填路基土石就达$1.18 \times 10^6 m^3$，耗资达246万元；彭阳县王洼煤矿塌陷区位于王洼煤矿东南侧，塌陷区长约为1750m，宽约为1100m，面积约1.925km²，塌陷中心部位地面下沉为1~2m，周边区地面裂缝，部分地段形成落水洞、塌陷区居民窑洞普遍开裂，已有75亩农田无法耕种；盐池县冯记沟矿区地面塌陷面积为1~2km²，致使3000亩耕地摞荒。塌陷区房屋裂缝、马家滩—大水坑公路破坏长约300m。长庆油田输油管道多处、多次变形断裂。盐池县冯记沟回六庄股份合作制化工厂因此而被迫停产。

（2）各类地质灾害隐患点的分布状况

到2015年为止，通过宁夏回族自治区地质环境监测总站对西吉县、彭阳县、石嘴山市、海原县、平罗县、原州区、同心县、泾源县、隆德县9个县（市、区）地质灾害调查，已查出各类地质灾害隐患点达735处，其中不稳定斜坡为86处、滑坡为280处、崩塌为142处、泥石流为213处、地面塌陷为11处、地裂缝为3处，并建立了地质灾害群测群防监测点395个。从各类灾害隐患点的分布上看，滑坡隐患点主要分布于西吉县，不稳定斜坡隐患点主要分布于彭阳县，泥石流隐患点主要分布于海原县和石嘴山市，崩塌隐患点主要分布于石嘴山市，见表6-16。

表6-16 宁夏9个县（市、区）的地质灾害点统计表

项目名称	调查面积（km²）	调查点	调查灾害隐患点（个）								群测群防监测点	受威胁人数（人）	潜在经济损失（万元）
			崩塌	滑坡	泥石流	不稳定斜坡	地面塌陷	地裂缝	总计	重险点			
石嘴山市	1 492	275	43	8	54		6		111	36	37	3 426	2 781.75
彭阳县	2 529	213	2	30	23	67	2		124	64	64	5 408	10 832
海原县	6 899	188	11	19	56	6		1	94	30	30	1 891	1 526.64
西吉县	3 144	246	13	102	14	11		2	142	68	67	7 412	1 730
平罗县	2 046	73	17		38		2		57	19	37	3 099	6 064
固原县原州区	3 506	108	11	28	8	1			48	12	46	2 344	2 922
同心县	4 446	105	18	34	14	1			67	8	30	4 362	1 632

项目名称	调查面积（km²）	调查点	崩塌	滑坡	泥石流	不稳定斜坡	地面塌陷	地裂缝	总计	重险点	群测群防监测点	受威胁人数（人）	潜在经济损失（万元）
隆德县	992	138	7	20					27		27	2 059	
泾源县	1 131	106	20	39	6				65		57	3 499	3 568
合计	26 185	1 452	142	280	213	86	11	3	735	237	395	33 500	31 056.39（除隆德县）

6.3.2.2 宁夏地质灾害危险性评价

宁夏地质灾害发育分布具有明显的地域性，与地形地貌、地层岩性密切相关，采用地貌单元和灾害类型相结合的方法参照《县（市）地质灾害调查与区划基本要求》实施细则分区标准对地质灾害发育程度划分为地质灾害高易发区、地质灾害中易发区和地质灾害低易发区。

根据宁夏地质灾害隐患点及易发区分布情况和调查的灾害隐患点、重险点、受威胁人数、潜在经济损失计算了部分县（市、区）的宁夏地质灾害危险性指数，见表6-17。

表6-17 宁夏部分县（市、区）地质灾害危险性指数

县（市、区）\项目	石嘴山市	平罗县	同心县	海原县	西吉县	固原市	隆德县	泾源县	彭阳县
地质灾害危险性指数	0.50	0.45	0.31	0.37	0.74	0.28	0.20	0.30	0.95

对没有调查数据的或数据不全的县（市、区）只根据宁夏地质灾害隐患点及易发区分布图给出了地质灾害危险性指数估计值，见表6-18。

表6-18 宁夏部分县（市、区）地质灾害危险性指数估计

县（市、区）\项目	贺兰县	银川市	永宁县	灵武市	青铜峡市	吴忠市	中卫市	中宁县	盐池县
地质灾害危险性指数	0.25	0.25	0.20	0.15	0.25	0.25	0.15	0.20	0.10

根据宁夏地质灾害隐患点及易发区分布情况可以看出泾源县中南部、彭阳县南部、同心县南部、西吉县西部及石嘴山市煤矿塌陷区、平罗县沿山部分地区是地质灾害危险性极大地区。从各县（市、区）地质灾害隐患点及易发区分布综合分析评价，彭阳县、石嘴山市、西吉县是地质灾害危险性极大地区，平罗县、同心县、海原县、泾源县危险性大，盐池县危险性略大，其余各县（市、区）危险性较大。

6.3.3 宁夏地震灾害危险性评价

6.3.3.1 地震灾害现状

（1）宁夏地震灾害概况

有文字记载宁夏地震的时间最早可追溯到公元 143 年（东汉汉安二年）。自公元 876 年（唐乾符三年）以来，宁夏全区共发生 8 级以上特大地震 2 次（历史文字记载我国大陆共 17 次），7.0～7.9 级地震 3 次，6.0～6.9 级地震 10 次，5.0～5.9 级地震 31 次。据不完全统计，宁夏全区约有 30 多万人死于地震，伤者无以计数。

中华人民共和国成立以来，宁夏境内中等强度破坏性地震不断，境内共发生 5 级以上地震 12 次。仅 1970 年 12 月 3 日西吉县蒙宣乡 5.5 级地震，震中区 64% 的窑洞倒塌，死亡 117 人，伤 408 人，成为全国 5 级地震破坏之最。据估计，中华人民共和国成立以来宁夏因地震而造成的直接经济损失超过亿元。

（2）地震孕灾条件

宁夏位处我国南北地震带的北端。区内新构造运动十分活跃，以牛首山—青龙山断裂为界，分为性质不同的南、北两部分。北部受大华北构造应力场控制和青藏构造应力场影响，处于北北西—南南东或北西—南东方向的水平拉张构造应力状态，地块沿先成的北北东向断裂发生强烈拉张，银川盆地断陷，贺兰山与鄂尔多斯高原隆起。南部受青藏构造应力场控制，地块受到来自南西方向的水平挤压，受到北面的阿拉善和东面的鄂尔多斯 2 个古老刚性块体的阻挡，引起地壳变形，形成弧形断裂及其控制的隆起和断陷。这些新构造运动决定着宁夏的构造地貌格局。强烈的地震活动与强烈的新构造运动相对应。

宁夏北部和南部的地质发展历史、地质构造、新构造运动和地震活动的明显差异，形成银川地震带和西海固地震带两个南北不同的地震带。全区活动断裂十分发育，地壳厚度变异很大，地震强度大、频度高。银川地震带以银川地堑为主体，属华北地震区。银川地堑与鄂尔多斯周缘地堑系有统一的形成机制和发展历史，构造应力以水平拉张为主，主要发育 4 条北北东走向的张性活动断裂，新生代沉积厚度约 9000m，全新世平均沉降速率为 1.2~1.5mm/a。西海固地震带以甘宁弧形断裂束为主体，属青藏高原东北部地震区，构造应力以北东东向水平挤压为主，活动断裂非常发育，多属左旋走滑型逆冲断裂，全新世最大滑动速率为 7~14mm/a。

特殊的地质构造环境和新构造运动，使宁夏成为我国地震活动强度和频度较高的省区之一，也是全国地震灾害严重的地区之一。

（3）宁夏地震灾害成因及基本特点

1）自然致灾因素。宁夏处于区域性块体运动的边缘和过渡地带，东面是鄂尔多斯块体，是中国大陆上最为完整和稳定的块体之一；西北部为阿拉善块体，是一个基底面很高、盖层很薄的古老地块，其坚硬与稳定程度并不亚于鄂尔多斯块体；西南部由祁连地槽褶皱带构成，是一个最活跃、最复杂、最柔软的块体，内部不均一性明显。由于受东面和北面两个坚硬块体的限制，在青藏块体的挤压下，这一地区活动断裂发育，应力容易积累。从深部构造研究结果来看，宁夏处于我国大陆上两条最大的重力梯度带和莫霍面斜坡带上。地壳上地幔电性结构研究结果表明，海原、固原、西吉和静宁等处，地壳内两层低阻层分别在 10~28km 范围内，地壳内低阻层和上地幔顶面深度都偏浅。局部电性结构剖面结果显示，地壳内十几公里深度高导层起伏较大且不稳定，而位于地壳中部 20~30km 深处的高导层起伏变化从浅到深逐渐减小。地壳内部普遍发育高导层，破坏了地壳电性结构的整体性，从而有利于应力积累的深部分层条件，创造了本区较强的孕震环境。

地震活动性分析结果表明，宁夏地震都属板内构造地震，震源浅，一般在 10~25km。工程地质条件方面，北部和中部属黄河冲积平原，覆盖层厚，地下水位高，砂土液化重；南部黄土高原，土质疏松，湿陷性强。

区域性的块体运动、深部构造和自然环境基本特征，是引起宁夏地区地震多、强度大、震源浅、灾害重的自然因素。

2）人类活动致害因素。宁夏南部地处黄土高原，由于经济社会发展相对落后，社会生产以农耕为主，工业设施和矿产资源较少，人民群众生活困难。黄河横穿银川平原，该区人民群众相对富裕，赢得"天下黄河富宁夏"的美誉。由于地方经济落后和住房建造习俗影响，农村住房抗震能力普遍较差，特别是南部山区农村崖窑、土箍窑较多，抗震能力极差，一旦发生地震，随着山体崩塌、滑坡，居民被掩埋，人员伤亡十分严重。从历史地震造成破坏的资料分析，除了地震后发生火灾、冻灾、饥饿和疾病等次生灾害造成人员伤亡以外，很少看到大坝、河流决口造成洪灾的记载。因此，宁夏人类活动致灾因素以房屋、建筑物倒塌为主。

3）地震灾害的基本特点。从公元 876 年至 2015 年，宁夏共发生破坏性地震近 50 次（不包括部分余震和周边地区发生的地震），平均每 22 年就有一次破坏性地震发生。其中，1739 年银川-平罗 8 级大震，1920 年海原 8.5 级特大地震给当地居民带来巨大灾难。

据历史资料记载，房屋破坏严重、人员伤亡多是宁夏地震灾害的显著特点。记录最多的是房屋和建筑物倒塌，人员伤亡也多因房屋倒塌造成。宁夏的地震造成房屋破坏相当严重，反映出广大农民住房抗震能力普遍较差。特别是南部山区的崖窑、土箍窑，4 级地震都会造成不同程度的损坏或破坏，5 级地震可能造成整体坍塌或局部坍塌。例如，1970 年西吉县蒙宜乡 5.5 级地震，死亡 117 人，伤 408 人，实属国内罕见。从历史地震和现代地震调查资料分析，宁夏南部地震灾害人口伤亡数比北部高 6～10 倍。

6.3.3.2 地震危险性评价

历史上宁夏曾多次发生灾害性地震，现今地震仍很活跃。我国大陆平均每万平方公里面积上发生 5 级以上地震 0.67 次，而宁夏达到 2.0 次，相当于全国的 3 倍。20 世纪全国死于地震约 55 万人，宁夏就占了 41%。宁夏地震烈度 7 度以上地区占全区面积的 91%（全国约占 41%），地震潜在危险性普遍较大。全区城市除盐池县在 6 度区外，其他县级以上城市地震烈度都在 7 度以上。宁夏全区内人口相对集中、经济比较发达的银川市、石嘴山市、吴忠市、中卫市、灵武市、青铜峡市等地，地震烈度都是 8 度（相当于 6 级地震震中区破坏的程度）。如表 6-19 所示，我们将地震烈度 8 度、7 度、6 度分别设定为地震潜在危险性大、危险性较大、危险性略大，将地震烈度 8 度的地区地震灾害危险性指数设定为 1.0。那么根据宁夏各地地震烈度分析，银川市、石嘴山市、吴忠市、中卫市、灵武市、青铜峡市地震潜在危险性大，盐池地震潜在危险性略大，其余各地地震潜在危险性较大。

表 6-19　各县（市、区）地震灾害危险性指数

项目 ＼ 县（市、区）	大武口区	平罗县	贺兰县	银川市	永宁县	灵武市	青铜峡市	吴忠市	盐池县	同心县	中卫市	中宁县	海原县	西吉县	固原市	隆德县	泾源县	彭阳县
指数	1.0	0.88	0.88	1.0	0.88	1.0	1.0	1.0	0.75	0.88	1.0	0.88	0.88	0.88	0.88	0.88	0.88	0.88

6.3.4 气象灾害危险性评价

6.3.4.1 宁夏气象灾害概况

（1）重大气象灾害

1）干旱。从 1300～2000 年，宁夏有 374 年发生旱灾，平均不到 2 年要发生 1 次；连续 3 年出现旱灾的年次为 48 年，最长的连续旱灾年份达 20 年，即 1924～1943年，其中最严重的旱灾时期为 1927～1929 年。1949～2000 年共发生干旱 41 次，平均 1.2 年就发生 1 次旱灾。据 1978～1989 年的资料统计，平均每年干旱的受灾面积为 17.2 万 hm²，成灾面积为 14.7 万 hm²。旱区主要分布在盐池县、同心县、海原县及固原市北部。

2）暴雨洪涝。1300～2000 年宁夏的水灾年为 300 次，平均 2.3 年一遇，连续 3 年发生水灾的年次为 22 次，约占总灾害年数的 3.4%。1949～2000 年共发生水灾 34 次，平均 1.5 年就发生 1 次水灾。

宁夏洪涝灾害主要由暴雨而产生，多发生在每年 6～9 月的多雨季节，以 7～8 月为最多，占 70% 以上。以固原市南部阴湿区为多，且沿山地区多于平原地区。贺兰山沿山也是洪涝灾害多发区。一旦发生洪涝，往往导致局部地区水土流失，河水猛涨，冲毁农田、房屋、桥梁、堤坝，使水库漫溢或决口，给人民生命财产和国民经济带来严重损失。据 1978～1989 年的资料统计，平均每年受灾面积为 2.1 万 hm²，成灾面积为 1.4 万 hm²。

3）冰雹。冰雹灾害受地形的影响较大，它对宁夏农业生产危害严重，且每年都有不同程度的发生。1949～2000 年有 39 年发生较为严重的冰雹灾害。据 1978～1989 年的资料统计，平均每年冰雹灾害的受灾面积为 6.0 万 hm²，成灾面积为 4.8 万 hm²。冰雹灾害一般发生于每年 3 月中旬～10 月下旬，主要集中在 6～9 月，以午后至傍晚最多，冰雹持续时间一般仅几分钟，很少超过一小时。冰雹的重量一般不超过 3g，直径 5mm 左右。区域分布上具有南部多、北部少、山区多、丘陵和平原少，迎风坡多、背风坡少等特点。雹云的主要发源地有贺兰山及六盘山系的西峰岭、月亮山、南华山等地。

4）霜冻。霜冻是宁夏常见的气象灾害，每年都有不同程度的发生。1949～2000 年有 30 年发生霜冻灾害，平均 1.7 年就发生 1 次霜冻。据 1978～1989 年的资料统计，平均每年霜冻的受灾面积为 1.2 万 hm²，成灾面积为 0.8 万 hm²。霜冻灾害在农作物的幼苗期和果树开花期居多，有时发生在秋收之际。霜冻的危害各地有所不同，初霜冻对南部山区危害大，终霜冻对引黄灌区危害大。

5）大风。1949～2000年宁夏有40年发生大风灾害，平均1.3年就发生1次风灾。风灾常与冰雹、雷雨大风、寒潮和沙尘等相伴而来。大风天气常常加剧土壤水分蒸发，助长旱情发展，湮没农田造成沙化。大风灾害是北部多于南部、山顶、峡谷、空旷的地方多于盆地。大风出现时往往伴有沙尘暴、盐池县、同心县发生沙尘暴次数最多。发生最多的季节是春季，夏季次之，秋季最少。

6）低温冷害。宁夏低温冷害主要发生在每年7～8月，一般由于长期阴雨，气温低于作物正常生长所需的温度，影响作物抽穗扬花、授粉，空秕率增加，产量下降。低温冷害较重的年份可减产10%～20%。宁夏春季（3～5月）出现的低温阴雨天气（俗称倒春寒），可推迟春播和越冬作物的正常生长发育。中卫市是受低温冷害影响最为严重的地区。

7）雷电灾害。据对宁夏1998年8月～2004年8月全区雷电灾害调查的不完全统计，宁夏发生雷击事故37宗，死亡7人，伤67人，直接经济损失近1000万元。一般南部山区雷暴发生多，引黄灌区相对较少。

（2）主要次生灾害

宁夏不但气象灾害分布广、种类多，并且很多气象灾害还会衍生出其他类型的灾害。宁夏的气象次生灾害主要有强降水引发的洪涝、泥石流、山体滑坡。低温阴雨引发的水稻稻瘟病。干旱诱发的农作物病虫害、森林火灾，等等。

6.3.4.2 宁夏气象灾害特点

宁夏的气象灾害不仅分布范围广、种类多，而且灾害影响大，发生频率高、强度大。统计数据表明，1985～1994年，宁夏气象灾害造成的直接经济损失平均每年在2.8亿元，1990年以后每年几乎都在4亿元以上，2003～2007年直接经济损失均超过了10亿元，占宁夏年国民生产总值（gross national product，GNP）的1.9%～6.5%。

宁夏气象灾害与其他自然灾害相比还具有危害持续时间长、灾害群发性强、诱发的次生灾害多、具有可转化性、受灾体明确等突出的特点

6.3.4.3 气象灾害危险性评价

（1）资料及统计方法

宁夏气象灾害危险性评价所用资料为1971～2000年宁夏气象灾害资料和宁夏气候整编资料，主要对干旱、暴雨洪涝（包括短时强降水）、冰雹、霜冻、大风、沙尘暴、低温冷害、大雾等气象灾害进行了统计分析。其中，干旱、暴雨洪

涝（包括短时强降水）、冰雹、霜冻、低温冷害灾害从 1971~2000 年宁夏气象灾害资料中以实际造成了灾害来统计，以冰雹灾害为例，某县 1 乡村或多乡村同一天出现冰雹灾害就计为 1 次，强度以灾害影响的范围及灾害损失来划分，将某县面积指数设为 1，影响到的乡镇所占全县乡镇个数的比重乘以灾害损失指数即为此次灾害的强度，灾害损失定性为特强、强、一般、不强，对应灾害损失指数分别记为 1、0.7、0.5、0.2；大风、沙尘暴、大雾等气象灾害从 1971~2000 年宁夏气候整编资料中统计获得。

（2）计算方法

通过以下公式计算了各县气象致灾因子综合指数和气象灾害成灾综合指数，最后计算了各县气象灾害危险性指数。

［气象灾害危险性指数］=（［气象致灾因子综合指数］+［气象灾害成灾综合指数］）/2

［气象致灾因子综合指数］= HD/max｛HD｝+Hi/max｛Hi｝+Hc/max｛Hc｝

式中，HD 为气象致灾因子多度，反映气象致灾因子在一定区域内的群聚性程度。其计算公式为 HD=n/N，其中，n 为县域内的气象致灾因子数；N 为全区气象致灾因子数。Hi 为气象致灾因子相对强度，反映气象致灾因子造成的相对破坏或毁坏能力的程度。计算公式为 Hi=$\sum P_i \times S_i$，其中，P_i 为第 i 种致灾因子的相对强度，S_i 为该致灾因子的面积比。Hc 为气象致灾因子被灾指数，反映各种致灾因子影响面积的百分比。计算公式为 Hc=$\sum S_i$，S_i 为县域某种致灾因子影响面积的比重；i 为致灾因子种类数。

［气象灾害成灾综合指数］= DD/max｛DD｝+DF/max｛DF｝+DR/max｛DR｝

式中，DD 为气象灾害成灾多度，指气象灾害灾种在县域内的群聚程度，计算公式为 DD=n/N，其中，n 为县域内发生气象灾害的灾种数；N 为全区的气象灾害灾种总数。DF 为气象灾害频次，反映气象灾害在县域发生的频率，计算公式为 DF=m/Y，m 为某县域内气象灾害发生的次数；Y 为统计的总年份数。DR 为气象灾害灾次比，反映气象灾害在县域内的群发程度，计算公式为 DR=m/M，其中，m 为某县域内气象灾害发生的次数；M 为全区气象灾害发生的次数。

（3）计算流程

第一步：采用气象致灾因子综合指数和气象灾害成灾综合指数计算方法，计算各县（市、区）的两个综合指数。

第二步：计算各县（市、区）气象灾害危险性指数。

第三步：根据宁夏实际情况和气象灾害危险性结果进行气象灾害危险分级，确定不同区域气象灾害危险性。气象灾害危险性分为危险性极大、危险性大、危险性较大、危险性略大、无危险性五级。

（4）计算结果

各县（市、区）气象灾害危险性指数见表6-20。

表6-20　各县（市、区）气象灾害危险性指数

项目＼县（市、区）	石嘴山市	平罗县	贺兰县	银川市	永宁县	灵武市	青铜峡市	吴忠市	盐池县	同心县	中卫市	中宁县	海原市	西吉市	固原市	隆德县	泾源县
气象灾害危险性指数	2.75	2.89	2.52	2.76	2.14	2.95	2.66	2.29	4.04	3.9	3.14	3.44	4.73	3.81	1.12	3.3	1.16

注：由于彭阳气象站建站较晚，资料序列太短，并入固原计算。

（5）气象灾害危险性评价

根据各县气象灾害危险性指数计算结果，并结合宁夏气象灾害实际情况，宁夏各县气象灾害危险性实际确定为危险性大、危险性较大、危险性略大3级，气象灾害危险性指数≥4.0为危险性大，≥3.0为危险性较大，3.0以下为危险性略大。宁夏固原市、泾源县、海原县、盐池县及贺兰山区气象灾害危险性大，西吉县、隆德县、同心县、中卫市、中宁县、惠农区气象灾害危险性较大，其余各地气象灾害危险性略大。

6.3.5　宁夏自然灾害危险性评价

6.3.5.1　计算方法

［自然灾害危险性］＝｛［山洪灾害危险性］，［地质灾害危险性］，［地震灾害危险性］，［气象灾害危险性］｝

综合以上单因子评价，计算各县（市、区）气象灾害危险性指数见表6-21。

表6-21　各县（市、区）自然灾害危险性指数

项目＼县（市、区）	石嘴山市	平罗县	贺兰县	银川市	永宁县	灵武市	青铜峡市	吴忠市	盐池县	同心县	中卫市	中宁县	海原市	西吉县	固原市	隆德县	泾源县
自然灾害危险性指数	4.77	4.73	3.92	4.58	3.53	4.97	4.55	3.99	2.35	6.93	2.26	2.41	8.36	7.21	7.13	4.82	7.46

6.3.5.2　自然灾害危险性评价

对单要素评价的宁夏山洪灾害、地质灾害、地震灾害、气象灾害危险性进行区域复合，确定宁夏各地自然灾害危险性是多要素综合作用。

自然灾害危险性分为危险性极大、危险性大、危险性较大、危险性略大、无危险性5级。根据表6-21各县（市、区）自然灾害危险性指数，采用主题功能区规划的区域综合方法、类型归并方法，结合宁夏自然灾害发生的主导因素和实际自然灾害状况，确定自然灾害危险性指数≥7.0的地区自然灾害危险性大，自然灾害危险性指数≥5.0且≤7.0的地区自然灾害危险性较大，自然灾害危险性指数≤5.0的地区自然灾害危险性略大。

宁夏海原县、泾源县、西吉县、固原市、彭阳县自然灾害危险性大（其中彭阳县主要考虑地质灾害的危险性及与固原的均一性而定），同心县、惠农区、中宁县、盐池县、中卫市自然灾害危险性较大，其余各地自然灾害危险性大略大。

由于宁夏地质灾害的影响因素与气象条件（主要是强降水和山洪）有密切关系，本研究根据地质灾害危险性确定泾源中南部、彭阳县南部、同心县南部、西吉县西部及石嘴山市煤矿塌陷区、平罗县沿山部分地区是自然灾害危险性极大地区。

6.3.6 主要自然灾害的趋势分析及防御对策

宁夏是全国自然灾害频繁发生的省区之一，干旱、洪涝灾害频发，崩塌、滑坡、泥石流等地质灾害每年都有不同程度的发生，地震灾害对宁夏人民生命安全和社会经济发展构成潜在威胁。随着物质财富的增加和人口的增长，自然灾害造成的生命财产损失有日益增长的趋势，不仅给资源和环境造成破坏，还严重地危害经济社会的可持续发展。

6.3.6.1 自然灾害趋势分析

宁夏自然灾害的基本特点是：①突发性强，预报预防难度大；②来势猛，成灾快，破坏程度高；③种类多、群发性强，灾连灾、灾迭灾，损失严重；④季节性强，暴发频率高；⑤持续性灾害时有发生，常表现为连季（年）旱（涝），局地较重；⑥区域性明显，易发性强，南部山区多于北部引黄灌区。

根据宁夏温度、降水变化趋势，地壳构造运动规律，自然灾变历史演变的韵律性及人类活动的共同影响，初步认为从2015年到21世纪20年代后期，宁夏仍处在气温偏高、降水偏少、地壳活动性增强的时期，加之人口的增长及近几十年来的土地、河湖环境趋于恶化，使防灾抗灾难度越来越大。这些变化将使宁夏孕灾环境更易于引发自然灾害，该时期将是一个自然灾害较为严重的时期。

干旱缺水将持续发展，局地将发生日益严重的水荒，水资源短缺仍将是最严重的资源问题；冰雹、低温冷害呈发生次数增加、范围扩大、时间延长的趋势；中小地震发生频次增加；地质灾害呈持续增长趋势，其破坏作用将趋于严重；因灾造成的农作物减产、房屋倒塌和损坏、毁坏农田、直接经济损失等呈加重上升之势。

6.3.6.2 防御对策

防灾减灾根本任务是最大限度地减轻自然灾害，趋利避害，促进人与自然的和谐，推动整个社会走上生产发展、生活富裕、生态良好的文明发展道路。我们要重视和处理好防灾减灾与社会、经济建设发展的关系，按照保障宁夏社会进步、经济增长和人与自然和谐发展的需求，加快构筑联合统一的灾害综合监测防御体系、运转高效的决策指挥信息组织实施体系和反应快捷的灾害突发事件应急救援机制，强化防灾减灾的公共管理，将防灾减灾纳入社会、经济发展规划，全面提升防灾减灾综合能力与效能，充分发挥防灾减灾在推动宁夏社会、经济可持续发展中的基础和保障作用。主要防御对策有：

1）以防为主，防、抗、救、治相结合，充分发挥减灾效益；
2）统筹兼顾，突出重点，建立和完善防灾减灾规划；
3）优化资源配置，努力实现防灾减灾资源共享；
4）高度重视气候变化，认真制定和执行《宁夏应对气候变化方案》；
5）加强防灾减灾法制建设，推进防灾减灾体制创新；
6）完善多渠道投入机制，为防灾减灾事业健康发展提供保障；
7）加强防灾减灾宣传教育，增强全民防灾减灾意识和技能；
8）科学调整人类活动方式，实现环境与经济协调发展。

6.4 生态安全格局构建

区域生态安全格局设计的总目标就是针对当前区域生态环境问题，规划设计区域性空间格局，保护和恢复生物多样性，维持生态系统结构过程的完整性，实现对区域生态环境问题的有效控制。针对研究区景观生态格局现状，区域景观生态格局设计的总体目标就是通过构建区域景观生态组分，增强区域景观格局与功能空间上的连通性，构筑生态网络，实现生态安全和区域可持续发展。

6.4.1 设计理论

1）区域景观生态安全格局：在景观中存在一些能够对整体格局起控制作用的战略组分。区域景观生态格局设计的重要任务就在于寻找和构建这些景观组分。

2）区域景观格局最优化：格局决定功能，功能反作用于格局。要实现区域景观生态功能的良性循环与发展，必须使区域景观格局达到最优。区域景观生态最优化的任务在于确立一个布局，让各景观组分在数量上和空间分布格局上合理匀称。

6.4.2 实现方法

以 RS 为信息采集的主要手段，结合辅助参考资料和实地调查，应用 GIS 空间分析技术进行规划、决策与专题图制作。

景观阻力面模型：物种对景观与生境的利用可以看作是对空间竞争性控制和覆盖过程，而这种控制和覆盖必须通过克服阻力来实现。所以，阻力面反映了物种空间运动的趋势。本研究运用了俞孔坚以最小累积阻力模型（minimum cumulative resistance，MCR）来建立阻力面，该模型考虑三个方面的因素，即源、距离和景观介质面特征。

6.4.3 宁夏景观生态安全格局总体框架

在构建景观生态安全格局时，生态功能重要的地方作为生态源区，河流和道路作为重要的生态廊道，重要的廊道节点构成生态节点，见表 6-22，这些都是需要重点保护的地区。

表 6-22　景观生态安全格局要素

序号	生态要素	具体位置
1	生态廊道	黄河、清水河、苦水河
2	生态源区	六盘山
3	生态节点	黄河与清水河交汇处、黄河与苦水河交汇处、黄河与西沟交汇处、清水河下游分流处等

生态源区：生态核心斑块（如林地、水域、湿地等）聚集区域，是发展城市绿地组团的重要基地，对控制区域生态功能有战略意义。

生态节点：为景观流运行最低耗费路径和最大耗费路径的交点。

生态廊道：连接相互景观生态源斑块的主要生态通道。廊道用于物种的扩散及物质和能量的流动，可以增强景观组分之间的联系和防护功能。

宁夏回族自治区内各要素描述如下。

1）生态源区：宁夏回族自治区的本底基质是草地，本底生态功能较好，生态安全系数较高，其生态源区主要由草地构成。生态源区——六盘山。

2）生态廊道（河流廊道）：黄河、清水河、苦水河。

3）生态节点：黄河与清水河交汇处、黄河与苦水河交汇处、黄河与西沟交汇处、清水河下游分流处等。

6.5 资源合理利用和生态保护策略及保障措施

6.5.1 生态修复要求与措施

6.5.1.1 综合防治水土流失

按照"南治理、中修复、北预防、重点保护、全面监督"的防治布局，重点加强六盘山、贺兰山及中部干旱风沙带水土保持力度。川区重点推进城乡接合部、工业园区、生态移民迁入区、重要水源涵养地等区域生态清洁型小流域建设，改善人居环境。山区全面开展生态经济型小流域综合治理，改善生产生活条件和生态环境，促进农业发展、农民致富、农村美丽。加快贺兰山、六盘山局部水土流失严重地段治理，营造水土保持林。建设中部干旱风沙带草灌结合的水土保持生态工程，防风固沙、涵养水源、防治水土流失。加强黄土丘陵区荒坡荒沟林草植被建设，城乡接合部开展以保护水资源为核心的生态清洁型小流域建设。加强移民迁出区生态修复和沟道水土保持林建设。适度开展水土保持骨干坝建设，加强淤地坝建设，建设小水资源利用工程，高效利用水土资源，防治水土流失。到 2020 年，完成水土流失综合治理 600 万亩，修筑生产道路 2240km，建设小型水保工程 4761 座，全区水土流失治理程度达到 56.5%。

6.5.1.2　推进自然保护区建设

重点建设"贺兰山、六盘山、罗山、沙坡头、香山、南华山、火石寨、云雾山、白芨滩、哈巴湖"10个重要生态保护区，成为宁夏"生态立区"的战略基点。争取国家公园体制试点，探索开发与保护融合发展新模式，稳步提高自然保护区、风景名胜区、国家森林公园、国家地质公园、国家湿地公园的规模与质量，保护生物多样性，促进生态资源的有效保护与合理利用。加快和完善国家级和自治区级自然保护区的基础设施和能力建设。规范和完善社区共管机制。通过野生动植物保护与自然保护区建设，拯救分布在宁夏的重点野生动植物，扩大、完善和新建一批国家级和自治区级自然保护区、禁猎区和种源基地，保护珍稀物种资源。提升自然保护区森林防火预警、资源管理、有害生物防治、科研监测、应急预警能力。到2020年，把全区国家级自然保护区建设成保护、科研、教学、资源合理利用为一体的规范化自然保护区。

6.5.1.3　保护和恢复生物多样性

加大贺兰山、六盘山、罗山生态屏障和沿黄湿地生态系统、物种、基因和景观多样性保护力度，完善保护网络和生物多样性监测预警体系。保护和恢复小种群、重要野生动植物及栖息地。开展珍稀濒危物种保护、资源扩繁和近地野化工程，建立生物多样性长效机制。严格禁止利用野生物种开展经营项目。完善外来物种监测预警及风险管理机制。加强珍稀野生动植物、古树名木和候鸟迁徙路线保护，建立覆盖全区的候鸟迁徙活动路线和野生动物重要分布区、饲养密集区、集散地的监测网络，建立野生动物疫源疫病监测站和预警站。加强野生动物疫源疫病监测防控。

6.5.1.4　治理矿山生态环境

按照"预防为主、防治结合"的方针和"谁开发谁保护、谁破坏谁治理、谁投资谁受益"的原则，结合矿山的建设和开采进行综合治理。完善矿山地质环境保护和土地复垦制度。建立长效治理机制，分步分片实施老矿区生态恢复、地质环境和工矿废弃地综合治理等工程，使老矿区成为"绿色矿山"，有效改善区域生态环境，保障矿山生产安全，防止地质灾害。继续加大矿山生态环境治理的投入，对历史遗留的无主矿山、责任人灭失的矿山生态环境问题进行彻底治理。对重点治理的矿山以地级市为单元，以相同矿种的矿山为基础，对影响较大、矿山生态环境问题突出、治理时间相同的矿山进行集中连片治理，对宁夏全区重要自然保护区、景观区、居民集中生活区的周边和重要交通干线、河流湖泊直观可视范围内的 450 处矿山分期展开治理。优先对贺兰山东麓、贺兰山北段、银川河东国际机场周边、青银高速公路临河至水洞沟段附近、青铜峡牛首山一带、泾源三关口及各市、县（市、区）城市规划区、旅游风景区、主要交通干线两侧周围的矿山生态环境问题进行专项治理。

6.5.2 环境整治要求与措施

6.5.2.1 加强水环境安全保护与修复

宁夏全区地处西北干旱地区，水资源总量较为缺乏，节水投入较少等原因，导致用水方式粗犷，污水处理率低于全国平均水平。工业、生活污水直排及农村面源污染等严重威胁着饮用水的安全。应以水环境功能区划和水环境容量为依据，以改善水环境质量为目标，确定主要水污染物排放总量，统筹饮用水环境保护与流域水污染防治，实施重点污染治理工程，对已污染的水环境尽快进行修复，提高水环境质量。

（1）加强饮用水水源地保护

加强重要水源涵养地、城镇集中式饮用水水源地保护。保护水源涵养林，禁止毁林开荒。合理划定水源地保护区，建立水源风险防范机制，严禁在水源地保护区内建设有污染的企业，已建成的企业要限期治理、转产或搬迁。水源地保护区内禁止建设城市垃圾、粪便和易溶、有毒有害废弃物的堆放场站及畜禽养殖场。禁止在水源地保护区内排放、倾倒污染物和建设对水源污染严重的项目或者从事其他影响饮用水水量、水质的活动。加强地表水补给水源管理，补给水源水质不低于《地表水环境质量标准》。严格地下水资源管理，加强地下水涵养保护，优化调配水资源，合理开发利用地下水资源。严格控制高耗水污染严重的项目建设，防止对地下水过度开采和区用水供需矛盾。积极推进水源地保护立法工作，制定和出台《宁夏回族自治区水资源管理条例》，为地下水资源保护提供制度保障。加强地下水污染防控，控制城镇污染、重点工业、农业面源和土壤污染对地下水的影响，保障地下水饮用水水源环境安全。严格水资源论证和取水许可制度。提高地下水动态监测水平，加强中部和南部地区监测站点建设。

（2）推进地下水污染防治工作

开展地下水污染状况调查，实施重点场地地下水水污染防治，逐步构建地下水污染防治管理体系。逐步完善地下水保护措施，构建地下水污染防治工程。强化地下水污染监测，定期开展必要的地下水水质监测。突出地下水污染预警，构建相应的预警应急机制。加强地下水污染监管，做好地下水污染防治工作。

（3）加强工业废水污染防治

依法淘汰用水量大、污染严重的落后工艺和设备，推行清洁生产，提高工业用水重复利用率，降低单位能耗与污染物排放强度，强化工业园工业废水的集中处理与综合利用。严格项目审批，严格排放标准，实施污染物排放总量控制，对重点污染源实施在线监控。开展工业企业重金属污染排放监测。

（4）加强农村水环境保护

通过清除农村河道淤泥、疏通水系、清理垃圾杂物、控制农村生活污水排放等措施，提升农村河道水体自净能力。针对农业产生的面源污染，应改善土壤结构增加土壤保肥供肥能力，大力推广测土配方施肥和平衡施肥技术，扩大以有机肥生产和使用为重点的生态农业建设。大力推广生物防治技术，改进施药方法，提高农药利用率，减少农药使用量。提高森林覆盖率，以防止水土流失带来的面源污染。

6.5.2.2 强化大气环境保护

以改善大气环境质量和保护公众身体健康为切入点，以主要污染物总量控制为手段，以改善城市环境质量为中心，以区域大气污染防治和重点行业污染控制为重点，推进多污染物综合控制。减轻煤烟型污染，有效控制汽车尾气污染，全面加强对二氧化硫、氮氧化物、颗粒物排放、温室气体、挥发性有机物、有毒有害物质的控制，建立健全相应的多污染物减排法规、政策、技术和监管机制。

（1）深化颗粒物排放总量控制

逐步转换能源结构，使用天然气等清洁能源，降低煤炭使用率；增加水电和外来电的结构比重；大力开发可再生能源和新能源，提高终端设备用能效率；严格控制工业烟尘、粉尘、SO_2排放，提高工业废气、尾气处理率；汽车尾气污染要得到有效控制，推广清洁能源的机动车。加大烟尘、粉尘治理力度，工业炉窑优先考虑使用清洁燃烧技术，对不符合国家烟尘、SO_2排放标准的工业锅炉、民用锅炉要限期治理；建立配煤厂，推行用煤的脱硫处理；按照国家产业政策，禁止新（扩）建钢铁、冶金等高耗能企业。全面加强城市扬尘的污染监测，深化大气颗粒物污染控制。建筑工地实行封闭施工、封闭运输和封闭堆放，施工工地地面定时洒水防止扬尘。施工车辆出入施工现场必须采取措施防止泥土带出现场。

（2）继续实施二氧化硫排放总量控制

继续实施二氧化硫排放总量控制，根据规划区内环境质量现状和环境容量，确定总量控制目标，针对行业控制，采取更严格的控制措施。开展其他工业行业的二氧化硫排放控制，推进非电力重点行业的二氧化硫排放控制。

（3）逐步开展氮氧化物排放总量控制

加强氮氧化物污染防治，电力行业全面推行低氮燃烧技术，新建机组安装高效烟气脱硝设施，现役机组应加快烟气脱硝设施建设，强化已建脱硝设施的运行管理；机动车提高新车准入门槛，加大在用车淘汰力度，重点地区供应国五油品；冶金、水泥行业及燃煤锅炉推行低氮燃烧技术或烟气脱硝示范工程建设，其他工业行业加快氮氧化物控制技术的研发和产业化进程。

（4）综合改善城市环境空气质量

加大重点区域城市环境综合整治力度。优化布局，合理划定城市功能分区。实施清洁能源项目，提高能源利用效率和城市清洁能源的比重。继续加强各城市建成区范围工业及餐饮业油烟污染整治工作，集中力量解决扰民严重、群众反映强烈的环境问题。采取综合措施，控制城市建筑工地和道路运输的扬尘污染。强化对机动车污染排放的监督管理，加强对在用机动车的排气监督检测、维修保养和淘汰更新工作。

6.5.2.3　加快土壤污染预防与修复

（1）建立和完善土壤污染防治的相关体系

开展土壤污染现状质量调查，逐步完善和建立土壤污染防治标准体系和监督管理体系，出台相关土壤污染防治的政策法律法规。建立土壤环境质量评价和监测制度，进一步明确工业企业的土壤污染治理责任，加强对工业土壤污染的监管，建设土壤环境质量监督管理体系。建立土壤污染事故应急预案，在规划区内开展土壤安全教育活动。建立健全应对重金属污染事件的快速反应机制，组织相关应急培训和演练，储备必要的应急药剂和活性炭等材料。

对污染企业搬迁后的厂址和其他可能受到污染的土地进行开发利用的，有关责任单位或个人必须开展污染土壤风险评估，对污染场地进行修复和治理，降低土地再利用特别是改为居住用地对人体健康影响的风险。

（2）建立污染土壤修复机制

全面开展土壤污染修复工程建设，搬迁企业必须做好原址土壤修复工作，通过专项资金等政策性资金形式支持企业开展工业土壤污染修复工程，积极推进污染土壤的生物修复。对持久性有机污染和重金属污染超标耕地实行综合治理，对污染较重、现阶段难以组织实施治理的污染场地，加强污染源监管，封存污染区域，阻断污染迁移扩散途径，降低污染事故发生。

（3）加快推动农村土壤污染防治工作的开展

积极推动农村土壤污染防治，开展农村地区土壤污染的统计工作，采用政策手段加强对科学灌溉的引导，鼓励农民使用生物农药或高效、低毒、低残留农药，推广病虫草害综合防治、生物防治和精准施药技术。积极推行秸秆综合利用和地膜覆盖及回收，发展生物质能源，推行秸秆气化工程、沼气工程、秸秆发电工程等。限制固体废弃物向农村地区转移，加强农村地区土壤修复工程建设，改善农村地区土壤现状。

6.5.2.4 改善城市声环境质量

城市噪声污染主要为交通噪声污染、工业噪声污染、建筑施工噪声污染和生活噪声污染。应加强对建筑施工、工业生产和社会生活噪声的监督管理。控制交通噪声污染可在市区限制机动车、火车市区鸣笛，在公路旁种植绿化带或加装隔离消音板。居住区规划中尽可能将对噪音不敏感的建筑物排列在小区外围临交通干线处，形成声屏障；工业噪声主要指工厂噪声，包括公共建筑中的通风机、冷却塔、变压器等设备噪声及居住区中的水泵房、变电站等公用设施产生的噪声。应尽量选用低噪声的生产设备和改进生产工艺。建筑噪声控制可对建筑施工时间做出限制。技术上规定离开施工作业场地边界 30m 处，噪声不许超过 75 dB，冲击噪声最大声级不得超过 90dB；生活噪声污染控制方面，重点对卡拉 OK 厅、舞厅、餐饮等娱乐服务业进行综合整治，限定娱乐城的噪声分贝数及其营业时间。

6.5.2.5 注重环境风险防范

（1）建立和完善环境突发事件应急体系

健全环境监控制度，定期发布环境监测信息。建立集中式环境污染应急预案和安全保障体系，并将环境安全预警制度和应急预案列入各级政府应急预案体系，对威胁环境安全的重点排污企业逐一建立应急预案，建设备用水源地和制定备用水源方案，形成环境污染来源预警、环境安全预警两位一体的环境安全保障体系。加强信息平台构建，建立突发环境事件处置情况通报制度，推进应急管理工作的规范化。加强污染事故防范和应急工作，建立和完善全市环境应急预案。重点污染企业必须制定环境污染事故应急预案，开展突发环境事件应急演练。

（2）加强重金属污染防治

建立对重金属排放企业的巡查制度，提高监控技术手段，完善污染源自动监控系统建设，严防超标排放；将整治重金属违法排污企业作为整治违法排污企业保障群众健康环保专项行动的重点。增强企业的环保意识，增加环保配套设施。统一规划城市重金属相关企业的工业布局。建立起比较完善的重金属污染防治体系、事故应急体系和环境与健康风险评估体系，使重金属污染得到有效控制。

（3）加强核与辐射环境污染防治

建立先进的辐射环境监测预警体系和完备的辐射环境执法监督体系，加强安全监管和核放射性污染防治，实现辐射源的安全监控，预防核与辐射污染事故。严格核设施（放射性废物的处理和处置设施）运营、核技术利用单位的管理和安全防护，开展生产、销售、使用、贮存、处置放射性物质和射线装置的场所检查行动，建设核应急中心，实施核辐射环境本地调查。完善市级辐射源监管部门和区级辐射源监管岗位建设，提高电磁辐射项目的准入门槛，提高电磁辐射设施、设备变更申报登记工作效率，达到100%申报登记。

（4）开展持久性有机物污染防治

完善持久性有机物政策法规体系建设，建设预防体系，加强监测、监管。重点推进垃圾发电厂和医疗废物焚烧炉的升级改造；淘汰钢铁、化工落后产能；安全处置含多氯联苯电力设备和杀虫剂类持久性有机物废物。新增持久性有机物监测能力建设，配备相应的分析监测仪器设备，配备相应人员并加强人员培训。开展持久性有机物污染调查，摸清辖区已识别持久性有机物来源、使用、库存、废物处理及环境介质残留情况，建立持久性有机物数据库，定污染防治重点行业、重点区域和重点排放源。开展持久性有机物污染防治宣传，对持久性有机物监管和污染防治工作进行绩效评估。

参 考 文 献

白辉, 高伟, 陈岩, 等. 2016. 基于环境容量的水环境承载力评价与总量控制研究. 环境污染与防治, 38 (4): 103-106, 110.

陈百明. 1992. 中国土地资源生产能力及人口承载量研究. 北京: 中国人民大学出版社.

陈冰, 李丽娟, 郭怀成, 等. 2000. 柴达木盆地水资源承载方案系统分析. 环境科学, 21 (3): 16-21.

陈海波, 刘旸旸. 2013. 江苏省城市资源环境承载力的空间差异. 城市问题, (3): 33-37.

陈吉宁. 2013. 环渤海沿海地区重点产业发展战略环境评价研究. 北京: 中国环境科学出版社.

陈修谦, 夏飞. 2011. 中部六省资源环境综合承载力动态评价与比较. 湖南社会科学, (1): 106-109.

陈玉娟. 2012. 辽宁沿海经济带水土资源承载力研究. 大连: 辽宁师范大学硕士学位论文.

陈运泰, 杨智娴, 张勇, 等. 2013. 从汶川地震到芦山地震. 中国科学: 地球科学, 43 (6): 1064-1072.

程国栋. 2002. 承载力概念的演变及西北水资源承载力的应用框架. 冰川冻土, 24 (4): 361-367.

戴科伟, 钱谊, 张益民, 等. 2006. 基于生态足迹的自然保护区生态承载力评估——以鹞落坪国家级自然保护区为例. 华中师范大学学报 (自然科学版), 30 (3): 115-121.

戴其文. 2008. 武威市水资源承载力评价与预测研究. 资源开发与市场, 24 (1): 991-994.

段新光, 栾芳芳. 2014. 基于模糊综合评判的新疆水资源承载力评价. 中国人口·资源与环境, 24 (3): 119-122

樊杰. 2007. 我国主体功能区划的科学基础. 地理学报, 62 (4): 339-350.

樊杰. 2015. 中国主体功能区划方案. 地理学报, 70 (2): 186-201.

樊杰, 等. 2009. 国家汶川地震灾后重建规划: 资源环境承载能力评价. 北京: 科学出版社.

樊杰, 等. 2010. 国家玉树地震灾后重建规划: 资源环境承载能力评价. 北京: 科学出版社.

樊杰, 等. 2014. 芦山地震灾后恢复重建: 资源环境承载能力评价. 北京: 科学出版社.

樊杰, 兰恒星, 周侃. 2016. 鲁甸地震灾后恢复重建: 资源环境承载能力评价与可持续发展研究. 北京: 科学出版社.

樊杰, 陶岸君, 陈田, 等. 2008. 资源环境承载能力评价在汶川地震灾后恢复重建规划中的基础性作用. 中国科学院院刊, 23 (5): 387-392.

樊杰, 王亚飞, 汤青, 等. 2015. 全国资源环境承载能力监测预警 (2014 版) 学术思路与总体技术流程. 地理科学, 35 (1): 1-10.

樊杰, 周侃, 陈东. 2013. 生态文明建设中优化国土空间开发格局的经济地理学研究创新与应用实践. 经济地理, 33 (1): 1-8.

樊杰, 周侃, 孙威, 等. 2013. 人文—经济地理学在生态文明建设中的学科价值与学术创新. 地理科学进展, 32 (2): 147-160.

樊杰, 周侃, 王亚飞. 2017. 全国资源环境承载能力预警 (2016 版) 的基点和技术方法进展. 地理科学进展, 36 (3): 266-276.

方创琳, 申玉铭. 1997. 河西走廊绿洲生态前景和承载能力的分析与对策. 干旱区地理, 20 (1): 33-39.

方创琳, 余丹林. 1999. 区域可持续发展 SD 规划模型的试验优控——以干旱区柴达木盆地为例. 生态学报, 19 (6): 767-774.

方创琳, 鲍超, 张传国. 2003. 干旱地区生态—生产—生活承载力变化情势与演变情景分析. 生态学报, 23 (9): 1915-1923

封志明, 杨艳昭, 江东, 等. 2016. 自然资源资产负债表编制与资源环境承载力评价. 生态学报, 36 (22): 7140-7145.

冯海燕, 张昕, 李光永, 等. 2006. 北京市水资源承载力系统动力学模拟. 中国农业大学学报, 11 (6): 106-110.

冯尚友. 2000. 水资源持续利用与管理导论. 北京: 科学出版社.

傅伯杰, 冷疏影, 宋长青. 2015. 新时期地理学的特征与任务. 地理科学, 35 (8): 939-945.

高红丽. 2011. 成渝城市群城市综合承载力评价研究. 重庆: 西南大学硕士学位论文.

高吉喜. 2001. 可持续发展理论探索: 生态承载力理论、方法与应用. 北京: 中国环境科学出版社.

高鹭, 张宏业. 2007. 生态承载力的国内外研究进展. 中国人口·资源与环境, 17 (2): 19-26.

高伟, 伊璇, 刘永, 等. 2016. 可持续性约束下开放流域系统氮磷环境承载力研究. 环境科学学报, 36 (2): 690-699.

高晓路, 陈田, 樊杰. 2010. 汶川地震灾后重建地区的人口容量分析. 地理学报, 65 (2): 164-176.

国家发展和改革委员会. 2015. 全国及各地区主体功能区规划. 北京: 人民出版社.

洪阳, 叶文虎. 1998. 可持续环境承载力的度量及其应用. 中国人口·资源与环境, 8 (3): 54-58.

惠泱河, 蒋晓辉, 黄强, 等. 2001. 二元模式下水资源承载力系统动态仿真模型研究. 地理研究, 20 (2): 191-198.

贾克敬, 张辉, 徐小黎, 等. 2017. 面向空间开发利用的土地资源承载力评价技术. 地理科学进展, 36 (3): 335-341.

李定策, 齐永安. 2004. 焦作市区大气环境承载力分析. 焦作工学院学报, 23 (3): 220-223.

李金海, 2001. 区域生态承载力与可持续发展. 中国人口·资源与环境, 11 (3): 76-78.

李久明. 1988. 系统动态学方法在土地资源承载能力研究中的应用尝试——以黄淮平原为例. 资源科学, 10 (4): 13-20.

李旭东. 2013. 贵州乌蒙山区资源相对承载力的时空动态变化. 地理研究, 32 (2): 233-244.

李云玲，郭旭宁，郭东阳，等．2017. 水资源承载能力评价方法研究及应用．地理科学进展，
　36（3）：342-349.

刘斌涛，陶和平，刘邵权，等．2012. 基于 GIS 的山区人口压力测算模型——以四川省凉山州
　为例．地理科学进展，4（4）：476-483.

刘东，封志明，杨艳昭．2012. 基于生态足迹的中国生态承载力供需平衡分析．自然资源学报，
　27（4）：614-624.

刘光旭，戴尔阜，吴绍洪，等．2012. 泥石流灾害风险评估理论与方法研究．地理科学进展，
　31（3）：383-391.

刘年磊，卢亚灵，蒋洪强，等．2017. 基于环境质量标准的环境承载力评价方法及其应用．地理
　科学进展，36（3）：296-305.

刘仁志，汪诚文，郝吉明，等．2009. 环境承载力量化模型研究．应用基础与工程科学学报，
　17（1）：49-61.

刘希林，尚志海．2014. 自然灾害风险主要分析方法及其适用性述评．地理科学进展，
　33（11）：1486-1497.

刘希林，莫多闻，王小丹．2001. 区域泥石流易损性评价．中国地质灾害与防治学报，12（2）：
　7-12.

陆大道．2000. 我国区域发展总体战略与西部开发．经济地理，（3）：1-4.

陆大道．2015. 中速增长：中国经济的可持续发展．地理科学，35（10）：1207-1219.

陆大道，樊杰．2012. 区域可持续发展研究的兴起与作用．中国科学院院刊，27（3）：290-
　300，319.

陆大道，郭来喜．1998. 地理学的研究核心——人地关系地域系统——论吴传钧院士的地理学
　思想与学术贡献，地理学报，53（2）：97-105.

罗元华．1998. 地质灾害风险评估方法．北京：地质出版社．

吕斌．2008. 中原城市群城市承载力评价研究．中国人口·资源与环境，18（5）：53-58.

吕建树，刘洋，于泉洲，等 2010. 山东省水资源承载力及其空间差异研究．水电能源科学，
　28（6）：19-21，9.

马爱锄．2003. 西北开发资源环境承载力研究．杨凌：西北农林科技大学博士学位论文．

马海龙．2014. 西部地区人地关系研究．银川：宁夏人民教育出版社．

马海龙．2015. 经济地理空间扩张导论．银川：宁夏人民教育出版社．

马海龙．2017. 空间治理基础．银川：宁夏人民出版社．

马海龙，陈学琴．2016. 新型城镇化空间基础．银川：宁夏人民出版社．

马海龙，樊杰．2016. 地理学中人的基本假设．人文地理，31（1）：1-8.

马海龙，杨建莉．2016. 新型城镇化空间模式．银川：宁夏人民出版社．

马海龙，杨建莉．2017. 智慧旅游．银川：宁夏人民教育出版社．

马海龙，樊杰，王传胜．2008. 西部坡地形聚落迁移的过程与效应．经济地理，28（3）：
　450-453.

毛汉英, 余丹林. 1999. 中国沿海地区经济发展态势及发展对策. 经济地理, (4): 25-30.

毛汉英, 余丹林. 2001. 区域承载力定量研究方法探讨. 地球科学进展, 16 (4): 549-555.

孟晖, 李春燕, 张若琳, 等. 2017. 京津冀地区县域单元地质灾害风险评估. 地理科学进展, 36 (3): 327-334.

欧阳志云, 李小马, 徐卫华, 等. 2015. 北京市生态用地规划与管理对策. 生态学报, 35 (11): 3778-3787.

彭立, 刘邵权, 刘淑珍, 等. 2009. 汶川地震重灾区 10 县资源环境承载力研究. 四川大学学报 (工学版), 41 (3): 294-300.

齐亚彬. 2005. 资源环境承载力研究进展及其主要问题剖析. 中国国土资源经济, 18 (5): 7-11.

钱骏, 肖杰, 蒋夏, 等. 2009. 阿坝州地震灾区资源环境承载力评估. 西华大学学报 (自然科学版), 28 (2): 79-82.

邱鹏. 2009. 西部地区资源环境承载力评价研究. 软科学, 23 (6): 66-69.

曲耀光, 樊胜岳. 2000. 黑河流域水资源承载力分析计算与对策. 中国沙漠, 20 (1): 1-8.

石玉林. 1992. 中国土地资源的人口承载能力研究. 北京: 中国科学技术出版社.

史培军, 郭卫平, 李保俊, 等. 2005. 减灾与可持续发展模式: 从第二次世界减灾大会看中国减灾战略的调整. 自然灾害学报, 14 (3): 1-7.

孙顺利, 周科平, 胡小龙. 2007. 基于投影评价方法的矿区资源环境承载力分析. 中国安全科学学报, 17 (5): 139-143.

唐剑武, 郭怀成, 叶文虎. 1997. 环境承载力及其在环境规划中的初步应用. 中国环境科学, 17 (1): 6-9.

陶岸君. 2011. 我国地域功能的空间格局与区划方法. 北京: 中国科学院研究生院博士学位论文.

田宏岭, 乔建平, 朱波, 等. 2009. 基于 GIS 技术的成都市灾区资源环境承载力快速评价. 四川大学学报 (工程科学版), 41 (s1): 45-48.

王传胜, 朱珊珊, 樊杰, 等. 2012. 主体功能区规划监管与评估的指标及其数据需求. 地理科学进展, 31 (12): 1678-1684.

王帆. 2012. 基于 GIS 技术的资源与环境承载力研究. 太原: 太原理工大学硕士学位论文.

王浩, 江伊婷. 2009. 基于资源环境承载力的小城镇人口规模预测研究. 小城镇建设, (3): 53-56.

王浩, 陈敏建, 秦大庸, 等. 2003. 西北地区水资源合理配置和承载能力研究. 郑州: 黄河水利出版社.

王红旗, 田雅楠, 孙静雯, 等. 2013. 基于集对分析的内蒙古自治区资源环境承载力评价研究. 北京师范大学学报 (自然科学版), 49 (z1): 292-296.

王家骥, 姚小红, 李京荣, 等. 2000. 黑河流域生态承载力估测. 环境科学研究, 13 (2): 44-48.

王俭, 孙铁珩, 李培军, 等. 2005. 环境承载研究进展. 应用生态学报, 16 (4): 768-772.

王进, 岙涛. 2012. 资源环境承载力约束下的半城市化地区发展情景分析——以厦门市集美区为例. 中国人口·资源与环境, (5): 293-296.

吴传钧. 1991. 论地理学的研究核心——人地关系地域系统. 经济地理, 11 (3): 1-6.

吴传钧. 1998. 人地关系与经济布局. 北京: 学苑出版社.

吴传钧, 郭焕成. 1994. 中国土地利用. 北京: 科学出版社.

吴良兴. 2009. 大型煤矿矿区的资源环境承载力研究. 西安: 西北大学硕士学位论文.

吴树仁, 石菊松, 张春山, 等. 2012. 滑坡风险评估理论与技术. 北京: 科学出版社.

吴振良. 2010. 基于物质流和生态足迹模型的资源环境承载力定量评价研究. 北京: 中国地质大学 (北京) 硕士学位论文.

夏军, 刘春蓁, 任国玉. 2011. 气候变化对我国水资源影响研究面临的机遇与挑战. 地球科学进展, 26 (1): 1-12.

谢高地. 2005. 流域水资源承载能力研究方法的思考. 资源科学, (1): 158.

谢高地, 李士美, 肖玉, 等. 2011. 碳汇价值的形成和评价. 自然资源学报, 26 (1): 1-10.

徐卫华, 杨琰瑛, 张路, 等. 2017. 区域生态承载力预警评估方法及案例研究. 地理科学进展, 36 (3): 306-312.

许有鹏. 1993. 干旱区水资源承载能力综合评价研究——以新疆和田河流域为例. 自然资源学报, (3): 229-237.

姚士谋, 张平宇, 余成, 等. 2014. 中国新型城镇化理论与实践问题. 地理科学, 34 (6): 641-647.

余建辉, 张文忠, 李佳洺. 2017. 资源环境耗损过程评价方法及其应用. 地理科学进展, 36 (3): 350-358.

余卫东, 闵庆文, 李湘阁. 2003. 水资源承载力研究的进展与展望. 干旱区研究, 20 (1): 60-66.

张传国. 2002. 干旱区绿洲系统生态—生产—生活承载力研究——以塔里木河下游尉犁绿洲系统为例. 北京: 中国科学院地理科学与资源研究所博士学位论文.

张传国, 方创琳. 2002. 干旱区绿洲系统生态—生产—生活承载力相互作用的驱动机制分析. 自然资源学报, 17 (2): 181-187.

张传国, 刘婷. 2003. 绿洲系统 "三生" 承载力驱动机制与模式的理论探讨. 经济地理, 23 (1): 83-87.

张传国, 方创琳, 全华. 2002. 干旱区绿洲承载力研究的全新审视与展望. 资源科学, 24 (2): 181-187.

张可云, 傅帅雄, 张文彬. 2011. 基于改进生态足迹模型的中国31个省级区域生态承载力实证研究. 地理科学, (9): 1084-1089.

张燕, 徐建华, 曾刚, 等. 2009. 中国区域发展潜力与资源环境承载力的空间关系分析. 资源科学, 31 (8): 1328-1334.

张志良，车文辉. 1992. 试论人口、资源、环境与经济的协调发展问题. 西北人口，(4)：1-8.

张志良，丰爱平，李培英，等. 2012. 基于能值分析的无居民海岛承载力：以青岛市大岛为例. 海洋环境科学，31（4）：572-575，585.

赵鑫霈. 2011. 长三角城市群核心区域资源环境承载力研究. 北京：中国地质大学（北京）硕士学位论文.

周道静，王传胜. 2017. 资源环境承载能力预警城市化地区专项评价：以京津冀地区为例. 地理科学进展，36（3）：359-366.

周侃，樊杰，徐勇. 2017. 面向重建规划的灾后资源环境承载能力应急评价范式. 地理科学进展，36（3）：286-295.

周一星，曹广忠. 1999. 改革开放20年来的中国城市化进程. 城市规划，23（12）：8-13.

朱一中，夏军，谈戈. 2002. 关于水资源承载力理论与方法的研究. 地理科学进展，21（2）：180-188.

Arrow K, Bolin B, Costanza R, et al. 1995. Economic growth, carrying capacity, and the environment. Ecological Economics, 15（2）：91-95.

Bai X M, Shi P J, Liu Y S. 2014. Society：Realizing China′s urban dream. Nature, 509：158-160.

Cohen J E. 1995. How many people can the earth support. The Science, 35（6）：18-23.

Doorenbos J, Pruitt W O. 1977. Crop water requirement：Food and agriculture organization of the United Nations. FAO Irrigation and Drainage Paper 24. Rome, Italy：FAO.

Esty D C, Levy M, Srebotnjak T, et al. 2005. 2005 Environmental sustainability index：Benchmarking national environmental stewardship. New Haven, CT：Yale Center for Environmental Law & Policy：47-60.

Falkenmark M, Lundqvist J. 1998. Towards water security：Political determination and human adaptation crucial. Natural Resources Forum, 22（1）：37-51.

Graymore M L M, Sipe N G, Rickson R E. 2010. Sustaining human carrying capacity：A tool for regional sustainability assessment. Ecological Economics, 69（3）：459-468.

Hubacek K, Giljum S. 2003. Applying physical input-output analysis to estimate land appropriation（ecological footprint）of international trade activities. Ecological Economics, 44：137-151.

Li W H. 2001. Agro-ecological farming systems in China. New York, NY：The Parthenon Publishing Group.

Liu J G. 2010. China′s road to sustainability. Science, 328：50.

Meadows D H, Meadows D L, Randers J, et al. 1972. The limits to growth：A report for the club of Rome′s project on the predicament of mankind. New York, NY：Universe Books：208.

Meadows D H, Randers J, Meadows D L. 2004. Limits to growth：The 30year update. 3rd ed. White River Junction, VT：Chelsea Green Publishing. Ocean & Coastal Management, 93：51-59.

Ofoezie I E. 2002. Human health and sustainable water resources development in Nigeria：Schistosomiasis in artificial lakes. Natural Resources Forum, 26（2）：150-160.

Peters C J, Bills N L, Lembo A J, et al. 2009. Mapping potential food sheds in New York State: A spatial model for evaluating the capacity to localize food production. Renewable Agriculture and Food Systems, 24 (1): 72-84.

Rees W E. 1992. Ecological footprints and appropriated carrying capacity: What urban economics leavesout. Environment and Urbanization, 4 (2): 121-130.

Singh R K, Murty H R, Gupta S K, et al. 2012. An overview of sustainability assessment methodologies. Ecological Indicators, 15 (1): 281-299.

Sutton P C, Anderson S J, Tuttle B T, et al. 2012. The real wealth of nations: Mapping and monetizing the human ecological footprint. Ecological Indicators, 16: 11-22.

Van den Bergh J C J M. 1993. A framework for modeling economy- environment- development relationships based on dynamic carrying capacity and sustainable development feedback. Environmental and Resource Economics, 3 (4): 395-412.

Wang W Y, Zeng W H. 2013. Optimizing the regional industrial structure based on the environmental carrying capacity: An inexact fuzzy multiobjective programming model. Sustainability, 5 (12): 5391-5415.

Yang J F, Lei K, Khu S, et al. 2015. Assessment of water environmental carrying capacity for sustainable development using a coupled system dynamics approach applied to the Tieling of the Liao River Basin, China. Environmental Earth Sciences, 73 (9): 5173-5183.

Zeng W H, Wu B, Chai Y. 2016. Dynamic simulation of urban water metabolism under water environmental carrying capacity restrictions. Frontiers of Environmental Science & Engineering, 10 (1): 114-128.

Zhang Q, He K B, Huo H. 2012. Policy: Cleaning China′s air. Nature, 484: 161-162.

Zheng D F, Zhang Y, Zang Z, et al. 2015. Empirical research on carrying capacity of human settlement system in Dalian City, Liaoning Province, China. Chinese Geographical Science, 25 (2): 237-249.